シリーズ〈現代の品質管理〉 5

飯塚悦功　永田 靖……………………編集

現代オペレーションズ・マネジメント

IoT時代の品質・生産性向上と顧客価値創造

圓川隆夫［著］

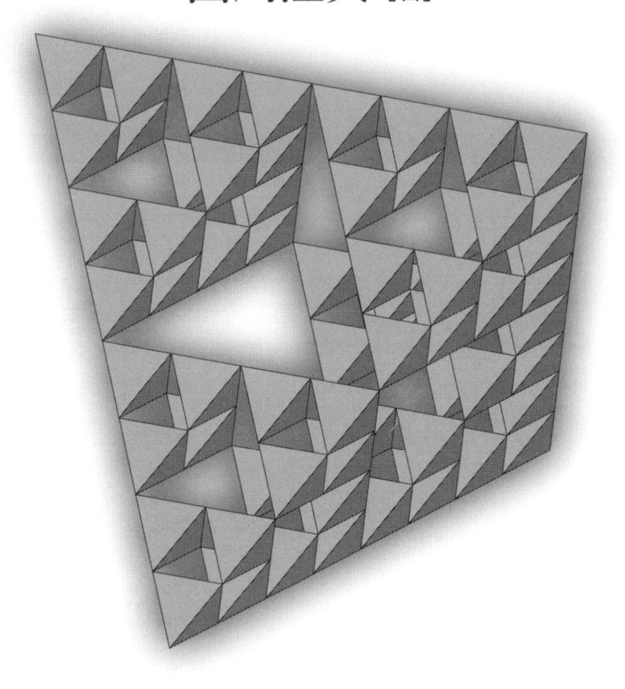

朝倉書店

まえがき

本書は，シリーズ〈現代の品質管理〉の中で，“Q（品質）”の意味を広く顧客価値創造と捉え，それを達成するための顧客価値も含めたテイラーの標準化にはじまる“変動”への対処，価値創造のためのオペレーションズ・マネジメントという立場をとっている．ここで変動とは，作業のバラツキから，不良，故障等の内なる変動，そして需要変動や，現代の品質管理の最大のターゲットである顧客価値の変動，そしてサプライチェーン全体を襲う外からの変動である．本書のネライは，以下に述べる4つの特徴にある．

第1章「オペレーションズ・マネジメントはあらゆる変動との戦い」では，現在，これからの日本のものづくりの立位置を確認した上で，その歴史とIoTをインフラとする最前線までを展望・解説したものであり，これだけで，現代のオペレーションズ・マネジメントの最前線の概要を知ることのできる内容にしたつもりである．これが本書の第1の特徴である．

世界の現場レベルでのオペレーションズ・マネジメントを俯瞰すると，どこでも“リーン＆6シグマ”という合言葉が唱えられているように，標準化の上での日本生まれの改善アプローチが今やグローバルスタンダード化している．その内容は，リーンはTPSあるいはJIT，6シグマはTQM，これにやはり日本生まれのTPMの3Tとも呼ぶべき3点セットである．これらは日本では，それぞれ発祥や普及母体の壁・違いから，ともすれば個別に扱われることが多く，これら3つをセットして解説を試みたのが，本書の第2章「組織的改善3T：TQM, TPM, TPS」であり，第2の特徴である．

“リーン＆6シグマ”の考え方や実践は世界に広く普及する一方で，その実践の質や改善力にはその綻びも指摘されながらも，今でも日本は大きな強みをもつと考える．しかしながら，現場レベルの標準化や改善アプローチだけは国際的な競争力になりえなくなっている．その理由は，モジュール化等による製品設計上の作りやすさや，ものづくりの設備のターンキーソリューションと呼ばれるように，改善力が伴わなくても一定の品質を保てるような状況が出てきたことである．加えて市場の激変により改善が間に合わなく，その間，機会損失を蒙るリスクが大きくなってきたことがあげられる．

そこで求められるのは，一方的に変動の存在を減らす・なくすのではなく，その存在を認めた上で，システム全体を最適化するようなアプローチである．それは日本の改善アプローチを超えるものとして登場した制約理論で知られるTOCであり，TOCと比べて日本ではほとんどなじみのない変動の科学を標榜するFactory Physicsである．TOCに加えとくにこのFactory Physicsを，ペアで最適化アプローチとして解説したのが，第3章「TOC（制約理論）：変動を認めた最適化アプローチ」，第4章「Factory Physics：変動の科学」であり，本書の第3の特徴である．とくに第4章は，日本で初めての系統的なFactory Physicsの紹介であり，IoT時代の生産コントロールのあり方の最新の研究成果も加えてある．

そして現代，2000年以降のオペレーショズ・マネジメントは，ITという武器をもつことで，対象範囲としてグローバルサプライチェーン全体にわたる変動を視野に入れることが求められるようになってきた．日本生まれの現場での"目で見る管理"からITを武器とした広範囲の"見える化"が必須要件となっている．その上での理論に基づく戦略的な最適化と，効率から効果的なITの利活用力が必須となっている．これらの面で，理論より経験知に頼りがちで，システム等の標準化に弱点をもつ日本企業は，欧米等のグローバル企業に大きく遅れをとった．

加えて，供給サイドの高品質から，顧客の視点に立った価値創造が今，大きな課題になっている．市場の成熟化や，異なる価値や制度をもつグローバルな市場の出現に伴うものである．これに対応するためには，顧客自身認識していない潜在ニーズ，あるいはモノを通して経験したい"コト"を，共創するような発想やアプローチが迫られている．加えて，現在喧伝されているIoTの目的も，新たな顧客価値やビジネスモデル創造にある．

このような現在，これからの最新のテーマを，第5章「戦略的SCM」，第6章「CS（顧客満足）と顧客価値の創造」として，理論や研究成果を織り交ぜ解説したことが，本書の第4の特徴である．

以上に加えて，それぞれの章の内容の補足や，オペレーションズ・マネジメントから少し飛躍した話題を織り込むために，コラムとして全部で17のトピックスを掲げた．全体として，筆者の力不足で読者の方々には少し難解な内容になっているかもしれない．しかしながら，本書のタイトルにあるとおり，“現代”の最前線の内容を，“品質・生産性向上と顧客価値創造”の観点から，なるべく簡潔に凝縮したつもりである．

現在，高度成長時代と異なり，貿易収支は赤字である一方，海外の現地工場からの配当やロイヤリティで稼ぐことによる経常収支は黒字というモデルに転換している．さらにこれからは直面している少子化や人口減の困難を超えることも求められる．そのようななか，ともすれば強い現場力や改善力頼みであった日本のものづくりが，その強みを維持しながら，さらに各種改善アプローチの壁や，理論よりも経験知に頼りがちで全体最適の視点や実践の欠如からの脱却が，今求められているのではなかろうか．

そのような想いを込めた本書が，日本のものづくり再興に向けて，少しでも貢献できれば幸いである．

最後に，本シリーズ最後の5冊目として，大きく遅れながらも，寛容に執筆に激励をいただいた朝倉書店編集部の方々には，お詫びと心よりお礼を申し上げたい．早稲田大学の永田靖教授には，原稿の段階で多くのコメントや貴重なご示唆をいただいた．この場で心より謝意を表させていただきたい．

2017年2月

圓川隆夫

目　　次

オペレーションズ・マネジメントは あらゆる変動との戦い

1.1　現在のものづくりの位置づけとオペレーションズ・マネジメント

オペレーションズ・マネジメントとは，「企業経営の中核となる製品・サービスを，効果的（effective）・効率的（efficient）に創造するための生産システムのQ（quality：品質），C（cost：コスト），D（delivery：納期・量），E（environment：環境），S（safety：安全）のマネジメントである」（Chase et al., 2008，圓川，2009a）．ここでオペレーションとは，業務であり，調達から生産，物流，販売・マーケティング，顧客サービス，そして研究開発，企画，設計，技術，経理，人事等の間接部門の仕事まで指すが，それぞれが連鎖しサプライチェーン（供給連鎖）や，バリューチェーン（価値連鎖）を形成，最終顧客に向けた価値創造プロセスをなしているという視点が重要である．

20世紀後半，日本のものづくりは，今や世界語として通用する組織的な改善“Kaizen”という新しい仕事の仕方を編み出し，オペレーションズ・マネジメント上のイノベーションを起こした．その結果，20世紀後半の工業化社会の勝利者となり，1980年後半には，日本製品の高品質・高信頼性の名声を世界に轟かせた．それから30年以上を経た現在，工業化社会から情報化社会，そして市場も生産もグローバル化した中で，再び成長戦略を駆動させるために，どのような経営戦略やオペレーションズ・マネジメントが求められているのであろうか．本書はその考え方・方向性と手法を探り解説するものである．

そのために現在の日本の製造業，ものづくりの立ち位置をまず確認しておこ

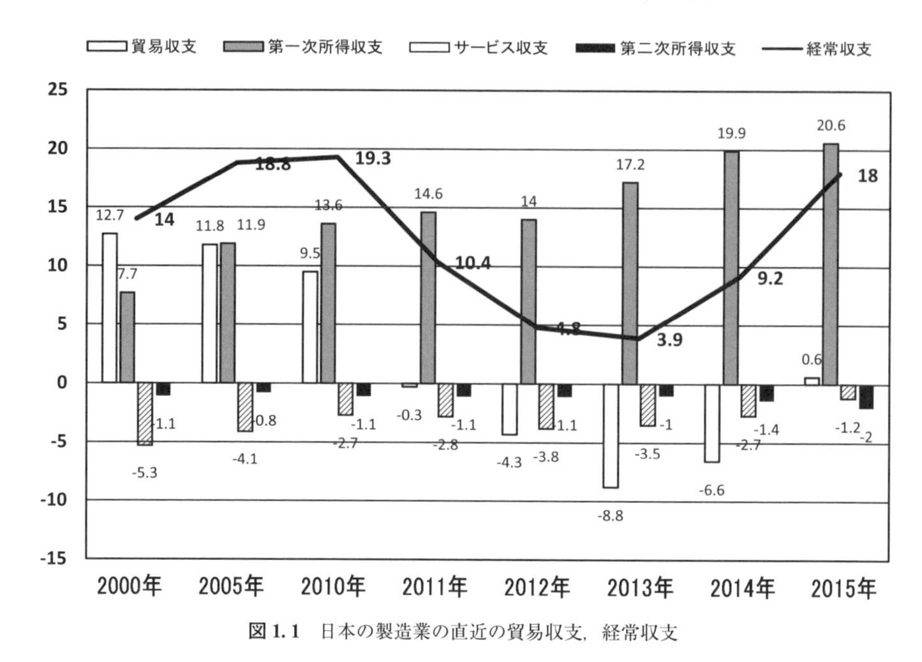

図 1.1　日本の製造業の直近の貿易収支，経常収支

う．図 1.1 は，2000 年以降の貿易収支，そしてその他の収支を加えた最終的な経常収支の推移を示したものである（ただし，見込の数値も含む）．

長らく貿易立国を自認し，大きなプラスで寄与してきた輸出額から輸入額を引いた貿易収支も，2011 年から赤字基調に陥っている．これは東日本大震災以降の鉱物性燃料の輸入額拡大によるものである（2015 年には原油価格安で貿易収支も若干の黒字）．しかしながらそれ以上に，2000 年頃からのコスト削減をネライとした海外生産の増大，加えて市場のグローバル化対応としての地産地消（市場があるところで生産）に伴い，日本で生産し輸出するというモデルの衰退によるものである．これに対応して貿易収支は赤字であるが，海外子会社からの配当である第一次所得収支は年々プラスで増加し，これにサービス収支の中の特許料・ロイヤリティ収入（2014 年で＋1.7 兆）の伸びにより，経常収支は黒字を保ち，2015 年で＋18 兆円と震災前の貿易収支が黒字であったときまでの水準となっている．このような海外で稼ぎ，国内の研究開発等の投資に回すというモデルは，外資規制の撤廃等の動きが進めば，今後ますます加速するであろう．

一方，国内経済における製造業の立位置はどうであろうか．国内総生産GDPに製造業の占める割合は，この10年間で約20%弱と大きな減少は示していない．他国との比較では，米英は10%前後，中国，韓国は30%，そしてドイツはわが国とほぼ同じ20%強である．しかし，製造業の最終需要が1単位発生したとき，他産業への波及の大きさを示す生産波及は2.13であり，サービス業の1.62に比べて大きく，これからも日本経済を支える大きな柱であることは間違いないであろう．

コラム1　世界の工業生産のシェアと第4次にわたる産業革命

現在，第4の産業革命と呼ばれるドイツのIndustrie 4.0や，そのためのインフラとしてのすべてのモノを繋ぐIoT（Internet of Things）が注目を集めている．その意味では現在は，新たな競争のはじまる曲がり角にあると考えられる．そこで工業生産に飛躍をもたらした第1次産業革命まで遡り，世界の工業生産の状況と新技術の出現との関係を展望してみよう．

図1.2は，今から約260年前から現在までの国あるいは地域別のシェアを示したものである．1830年頃から西洋のシェアが急速に高まり，20世紀の前半，1920年頃をピークに，徐々に減少していく．その中で第1次世界大戦を境に西洋の中でも欧州は減少に向かい，変わって米国が大きくシェアを伸ばす．19世紀前半の西洋の工業生産の急速な伸びを支えたのが蒸気機関に代表される第1次産業革命であり，20世紀初めの電気エネルギーの第2次産業革命であった．さらにそれ以前の紀元0年までさらに遡ると，1750年のシェアでわかるようにアジア，特に中国のシェアが圧倒的であり，西洋の高いシェアは長い歴史の中では最近のごくわずかの期間であるということである（ピケティ，2014）．

20世紀後半の第3次産業革命はコンピュータと自動化といわれる．この時代に米国に変わり急速にシェアを伸ばしたのが日本である．1980年代には国内で生産し先進諸国に輸出するモデルで工業化社会の覇権を握る一方で，半導体や自動車で米国と貿易摩擦を招く．そして1990年代前半のバブル崩壊とともに，円高の回避や低コストを求め，中国等での海外生産が進んでいく．同時に中国を筆頭にアジアの新興国での工業生産が台頭してくる．

そして現在では，図1.2の下図に示すように，2010年に中国が国別にはトップのシェアを占め，米国，日本，ドイツと続く．そして市場そのものも新興国，途上国と世界に広がったことから，市場のあるところで生産する地産地消や，米国で開発して，生産は中国や台湾といった国際分業の形態等，グローバルサプライチェーンでの競争といった局面に変化してきた．そして，今，すべてのモノとモ

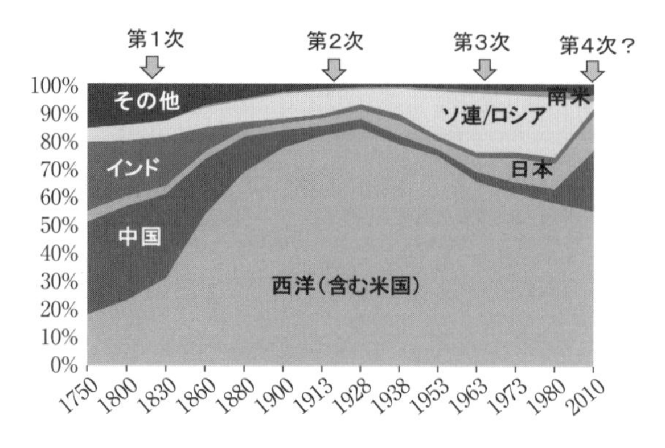

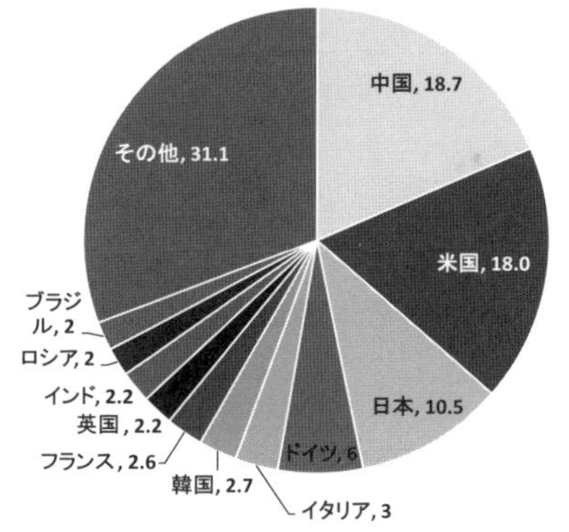

図 1.2　世界の工業生産のシェアの推移（上）と 2010 年の各国のシェア（下）

1980 年までは，ハンチントン『文明の衝突』より引用．2010 年は，UIDO Statistics に三井物産戦略研究所 Web リポートで補完（一部重複を含む）．

ノが繋がる IoT というキーワードとともに第 4 次産業革命という言葉が，ドイツから発信されている．

以上のように，産業革命をもたらした新しい技術が出現し，これが工業の発展のベースになったことはいうまでもない．しかしながら，新技術の出現とそれを活かした主役を交替しながらの国の工業生産の飛躍には時間的遅れが存在する．ワットの蒸気機関の発明は 1765 年，発電機や発電所の発明は 1870 年頃，コンピュータは 1946 年，インターネット（TCP/IP）は 1982 年である．それは応用技術の問題とそれを活かした新たなマネジメント技術，オペレーションズ・マネジメントの出現を伴う必要があったからであろう．それらは次節で述べる 20 世紀前半の米国による標準化であり，20 世紀後半の日本による改善（Kaizen）である．

はたして第4次産業革命IoTの時代には，標準化，改善に続くどのようなマネジメント技術がどの国で出現するのであろうか．それを探るのも本書のねらいである．

1.2　2種類の変動とオペレーションズ・マネジメントのパラダイムシフト

オペレーションズ・マネジメントの歴史は，製品・サービスの効果的・効率的創造を阻害する様々な変動（variability），あるいはリスク（risk）との戦いといえる．コラム1で述べた背景となる技術の進化とともに，対象とするオペレーションが範囲を拡大し，それに伴う対処すべき変動の内容を増大してきた．それとともに，オペレーションズ・マネジメントのパラダイム（ある時代のものの見方・考え方を支配する認識の枠組み）も，前のものを否定・置き換わるのではなく，積み重なる形で進化してきた．

それではオペレーションズ・マネジメントが対象とする変動，リスクとは何だろうか．大きく，内なる変動と外からの変動の2種類がある．内なる変動と

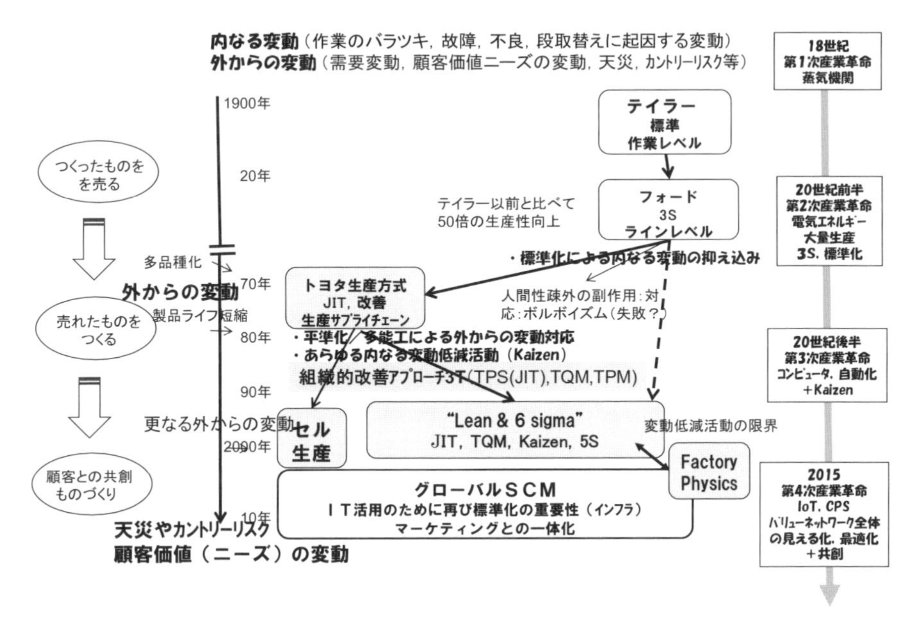

図1.3　オペレーションズ・マネジメントの変動（リスク）との戦いの歴史

は，作業から工程，生産システム，さらに範囲を広げるサプライチェーンや事業所の内部に起因するものであり，本来，変動あるいはその源泉がコントロール可能なものを指す．それに対して外からの変動とは，製品・サービスを提供する市場側の需要変動や潜在ニーズの不確からしさ，サプライチェーンに影響を与える天災やカントリーリスク等も含まれる．

図1.3は，オペレーションズ・マネジメントのパラダイムの変化と，対象とする変動の範囲の増加との対応の歴史を示したものである．右にはコラム1で示した産業革命との対応を掲げてある．この歴史をたどることで，現在のオペレーションズ・マネジメントの必要とされる構成要素，次に何が求められているかを展望することができる．

1.3　標準化パラダイムによる内なる変動の統制：科学的管理法と大量生産・大量販売

オペレーションズ・マネジメントの始まりは，作業に伴う内なる変動，リスクをコントロールすることであった．それは今から120年前，経営学の始祖とも呼ばれる，F. W. テイラーが作業をする際に標準（standard）という概念を持ち込むことによって実現する．対象となる作業について，まずベストな手順を定め，熟練者がその手順に従って作業をした場合にかかる時間が（正味）標準時間である．この標準時間の設定には，実際にかかる時間をストップウォッチで観測し，その時間に訓練された評価者によるレイティング値（熟練者を100とし観測された値を100で割った係数）を乗じるという科学的な方法が用いられた．

このように定められた標準に従ってオペレータの作業遂行を統制することによって，時間や品質のばらつき，変動を抑え込み生産性の向上が図られた．同時に標準時間という予測可能な工数を把握できるようになったことにより，企業側による生産計画や管理を可能にしたことから，科学的管理法（scientific management）と呼ばれる．

効率化や合理化の原点として標準を定め変動を抑え込むというのは，今では当たり前であるが，テイラーのやり方は経営者やマネジャーにトップダウン型権力を与えるものとして，自由を旨とした米国の建国精神もあり労働者の反発も強く，後年には議会の公聴会に召喚され，労働者の代表から「暴君」と呼ばれることにもなる．

かわりに科学的管理法の普及に大きく貢献したのが動作経済の原則で知られるF.B. ギルブレスとその妻リリアンのギルブレス夫妻や，日程管理のガントチャートで知られるH.L. ガントである．テイラー主義とも呼ばれる科学的管理法に，公正さや労働者による参加といった要素を取り入れることによって幅広い産業界での支持に結びつけた．

特にギルブレスの効率的な作業を設計するための動作研究（motion study）は，作業を構成する動作を18の基本要素（サーブリック（“therblig”，Gilbrethを逆にしたもの）記号と呼ばれる）を3つに分類して，作業を基本要素で記述し，保持，手待ち等，第3類をなくすような分析を行うものである（たとえば，入倉，2013）．動作経済の原則はこれを発展させたものであるが，作業を動作まで分解するとそこでかかる時間は普遍的なものとなり，それに基づく標準時間の設定法の総称がPTS（predetermined time standards）法であり，WF（work factor）やMTM（methods time measurement）等の手法がある．

このような作業効率化や改善のための作業研究等の方法論は，今日でもIE（industrial engineering）と呼ばれ，現場改善の道具として広く用いられている．その代表的手法として，作業を動作や要素に分解した上で，要素作業ごとにE（eliminate：なくせないか），C（combine：一緒にできないか），R（replace：他の方法で代替できないか，あるいはrearrange：順序を変更できないか），S（simplify：単純化できないか）という着眼点のもとで改善を進めるECRS分析がある．

次に作業からラインに標準化の範囲を拡大したのが，1920年代にベルトコンベアラインによる大量生産の基礎を築いたH. フォードである．作業の変動とともに故障や不良，そして遅れというラインの変動要素を克服するために，作業だけでなく設計の標準化（standardization），単純化（simplification），そしてオペレータの担当作業を細分化することにより習熟を早める専門化（specialization）の3Sが持ち込まれる．2分程度のピッチ（サイクル）の標準作業を分担したオペレータを配置し，ベルトコンベアで車体を移動させることで組み付けを完了させるというものである．図1.4に示すような繰り返し同じ

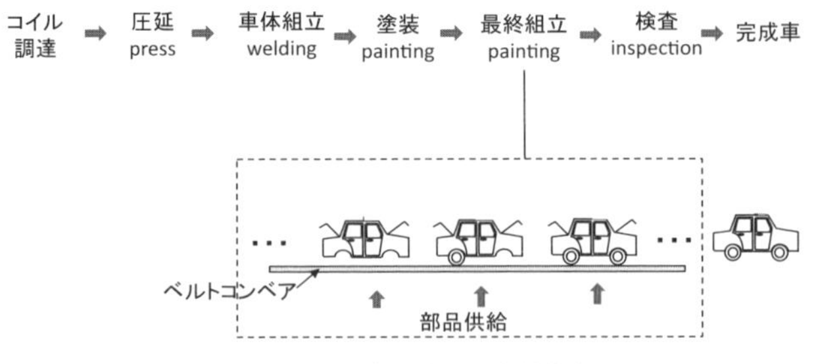

図 1.4　3S に基づく流れ大量生産

ものをつくる大量生産方式の完成である.

第 2 次産業革命の恩恵である電気エネルギーの活用がそのベースにあるが, 飛躍的な生産性向上をもたらしたのは, 標準化およびそれに基づく計画や管理というマネジメントの概念がここで生み出されたからこその成果である. 一説によれば, テイラー以前とフォード以後では, 生産性は 50 倍向上したといわれる. 以降長らく標準化や 3S は, ものづくりの大量生産という効率化のベースとなるパラダイムを提供した.

同時に大量に効率的につくったものを, 効率的に売るための現在のマーケティングの基礎となる手法が考案される. それは T 型フォードという一つのモデルで, 爆発的な隆盛を極めたフォード社を 1920 年代後半には凌駕した GM 社の A. スローンによるものである. 第 6 章でふれるマーケティングの 4P の product, 製品の観点からは,「あらゆる予算, 用途, 人のための車」という市場細分化（market segmentation）戦略のもとで, 大衆・実用車のシボレーから高級車のキャデラックまでの 7 系列 10 種類の車種が用意された. promotion, 販売促進では月賦販売や下取り制度が考案され, 正に大量販売の戦略や戦術が考案されている.

また会社組織という点では, 伝統的な職能別組織（functional structure）から, 事業ごとに分権化された責任と権限を与える 5 事業部 2 部品事業部からなる事業部制（multi-divisional structure）が導入されている. これはデュポンのモデルを参考にドラッカーが進言したものとされている（コラム 2 参照).

しかしながら, 大量販売の手法は別として大量生産の方は, “(同じものを繰り返し) つくったものを売る” ということが通用した時代・環境条件の下で, “外からの変動”がない需要が供給を上回るという時代に効果が発揮されたものである．また短いサイクルで同じ作業を繰り返す専門化やテイラー流の統制は，人間性疎外の問題や作業者の変動への自律的対応を阻害するという問題を引き起こした．

同時に米国では，コラム2に示すようにメイヨーのホーソン実験に代表される人間関係論に基づくボトムアップ的なパワーを引き出す心理学的研究や取り組みが研究されるが，決定打にはならなかった．そして1980年頃にはテイラーイズム批判がますます高まる一方で，スウェーデンのボルボでは人間性回復のためにラインを廃止し，グループで組立を行うガレージ方式が出現する（ベリゲン，1997）．このような流れも，標準化というベースを引き継ぎながら，次に述べるリーンパラダイムに置き換わっていくことになる．

なお，これまで変動やリスクという言葉を用いたが，これらの工程の変動が起きると，次節，そして数理的な根拠は，第4章のFactory Physicsで示すように，補充リードタイムが大きく延長し，在庫，特に仕掛りの増大とともに生産性を大きく毀損するのである．

コラム2　米国におけるマネジメントの系譜

米国におけるテイラーと並んで，経営学あるいはマネジメントの始祖としてはフランスのファヨール（1841-1925）があげられる．企業の経営活動を6つの職能（技術，購買・販売，財務，保全，会計，管理）に分類し（職能別組織をはじめて設計），中でも管理活動を「計画し，組織し，指揮し，調整し，統制するプロセス」と定義している．これは米国にも管理過程論として影響を与えたが，以降のマンジメントに関する理論は，米国で発達する．

ジェームズ・フォーブズ（2006）によれば，テイラー（1856-1915）の「冷徹な悪魔」という名称が与えられたトップダウン型権力による統制のマネジメントは，それを引き継いだギルブレス夫妻やガントによる人間らしさを加味した努力により普及するが，基本的には米国の建国の考え「自由」（縛ばれない）と対立し，これにかわるマネジメント思想が模索された．

そこで登場するのが，ボトムアップのパワーを道徳的なリーダーシップで管理する人間関係論である．メアリー・パーカー・フォレット（1868-1933）は，企業を人間に見立て，「調和」により精神の一体性を保ち，従業員の個性が発揮できるとした．続いて組織目標に反発しがちな人々に心理療法的なマネジメントによる克服を主張したのが，ホーソン実験（被験者の照明などの条件を変えると作業効率は上がったが，条件を元に戻しても効率は下がらなかったことから，実験に選ばれたという高揚感や心理が作用して生産性を高めたことが判明，これはホーソン効果と呼ばれ，心理状況がつくり出す効果として広く使われるようになる）で知られるエルトン・メイヨー（1880-1949）であり，現在の組織行動論が生まれるきっかけをつくった．

そして，続くリーダーシップで知られるチェスター A. バーナード（1886-1961）は，経営幹部はトップダウン型の上司ではなくモラルリーダーであるべきであり（権限受容説），そのモラルリーダーシップを発揮して従業員から足並みのそろった努力を引き出すべきで，管理から協調が必要としている．またバーナードは，マネジメントはそれ自体がある種の技能であり，当時の米国の繁栄も機械や技術の発明よりもマネジメントの手法によるところが大きいことを述べている．

少し時代が下がって，マネジメントをひと握りの経営者と管理者だけでなく，「みんなの」という民主主義的なものと考えたのが，統計学者 W. エドワーズ・デミング（1900-1993）である．品質向上のための SQC や PDCA サイクルで知られるデミングの考え方は，米国よりも日本で受け入れられ，デミング自身が，「日本では SQC の考え方に，草の根どころか経営者が共鳴，産業社会全体を対象とする社会運動になった」と述べている．日本の改善活動による日本製品の席巻がはじまった 1980 年，米国 NBC のドキュメンタリー “If Japan can, Why can't we” の放送で，米国にも火がつくところとなる．

そして，今日本で一般大衆にもブームとなっている，企業の目的を顧客の創造としたピーター F. ドラッカー（1909-2005）の登場である．マネジメントと自由の葛藤の解決のために経営者に企業の道徳的側面を助言し，企業の社会的責任を取り上げた（名著ドラッカー（2008）『マネジメント　課題・責任・実践』の序文で「社会的責任」について論じた歴史的人物で渋沢栄一の右に出るものはいないと述べている）．また，伝統的な職能別組織から分権化による自由度を高める事業部制を GM に導入することを提言し，個人に短期的な目標を与えてその結果を報酬とリンクさせる目標管理もドラッカーによるものである．日本の文化にはなじまないものであったが，その目的は，「企業の目標」に添って明確なゴールを定めると，上からの非合理的な心理操作から自律性をもって自己管理できるというものである．またメイヨー以来批判的な流れが続いたテイラーについて，作業を客観的に研究した歴史上最初の人物として尊敬，再評価もしている．

なお，テイラーの後，よりオペレーションズ・マネジメントの流れに沿ったマクレガーの XY 理論，オオウチの Z 理論，マズローの欲求 5 段階説，ハーズバーグの動機付け理論，バンデューラの社会的評価理論と，それらの日本文化との関係・

相性については，圓川（2009b）を参照されたい．

1.4　外からの変動対応と内なる変動低減活動としての組織的改善パラダイム

1960年以降になり，世界的に供給力が需要を上回るようになると，急速に多品種化や商品ライフの短縮がはじまる．そうすると需要変動という外からの変動への対応とともに，小ロット化に伴う段取替えの増加，あるいはラインの変更による故障や不良といった内なる変動も同時に増幅させることになる．これはコンピュータや自動化という技術の出現による第3次産業革命の時代に重なるが，その時代を制したのは，TPS（トヨタ生産方式）あるいはJIT，TQCあるいは後にTQM（全社的品質管理），TPM（トータル・プロダクティブ・メンテナンス）といった日本的な組織的改善アプローチである．

図1.5に示すように，これらに共通するのは標準をベースに，その上にそれぞれ対応するQCD（quality：品質，cost：コスト，delivery：納期・数量）にかかわる変動の源泉を取り除くP（plan：計画）D（do：実施）C（check：チェック）A（act：処置）サイクルを回す組織的改善活動といえる（TPMの対象はものづくりにかかわるロスであるが，ロスを機会コストを含むコストに変換した上でのその低減活動である）．現在，それぞれの頭文字をとり3Tとして，広く海外でも知られている．

同時に図1.5にも記載してあるように，これらのベースには日本生まれのものづくりのオペレーションズ・マネジメントの基盤を与える取り組みとして

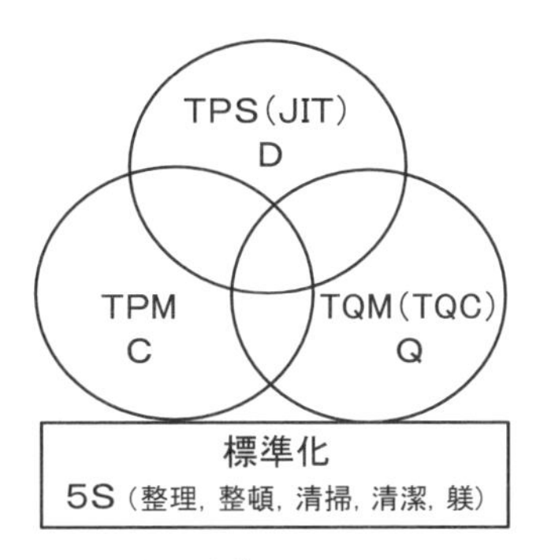

図1.5　組織的改善アプローチ：3Tと5S

5Sがある．これは整理･整頓･清掃･清潔･躾の頭文字をとったものであり,2.2.2項に示すように，ものづくりの基盤として今やKaizenとともに世界中で実践されている．

これらの3つの活動については第2章で取り上げるが，ここでは，主にTPSの立場から，変動への対応の考え方について述べることにする．現在のリーンにつながるTPSについては，“つくったものを売る”から“売れるもの（売れたもの）だけをつくる”，すなわちプッシュからプルへという発想の逆転が根底にあり，それがサプライチェーンにつながることになる．

(1) 外からの変動，需要変動に対する3つの方策

①多品種下での平準化とプル方式としてのJIT：生産という場で変動を一旦凍結し，平準化（production leveling）というロジックで最終製品の製造順序が決められる．たとえば，月に20日という稼働日数で品種A，B，Cをそれぞれ2000，1000，1000を生産する計画の場合，まず稼動日数20で割り毎日100，50，50つくる（日割平準化），そしてラインに流す場合，2:1:1であることからABACのサイクルをつくる1個流し,混流生産の計画がつくられる（詳細は，圓川（2009a）参照）．

次に，実際にものが消費されてはじめて前工程の生産が行われるという後補充，すなわちプル方式の確立である．その手段がかんばんである．混流生産において各工程で品種に対応した部品が取り付けられると，かんばんが外れ前工程に行く．その情報が前工程からの部品の運搬指示情報になる一方で，前工程のかんばんが外れそれが前工程の生産指示情報となるというように，いわゆるかんばん方式が運用されサプライチェーンの上流（部品メーカー）に向けて消費された分だけ生産・運搬されるというジャストインタイム（JIT）が成立する．また月のなかで需要の変動があった場合には，日割の個数を調整することによって変動を吸収することができる．

②多能工育成による変動の吸収：単能工から多くの仕事ができる多能工（multi-skilled operator）の育成により，図1.6に示すように，あるラインを4人で担当していたものが，生産量が3/4に減った場合，1人の守備範囲を広げ3人でカバーすれば，1人当たりの生産性を維持できる．通常，ラインの形状もU字型に曲げ，守備範囲は増えても移動を少なくする対策がとられる．

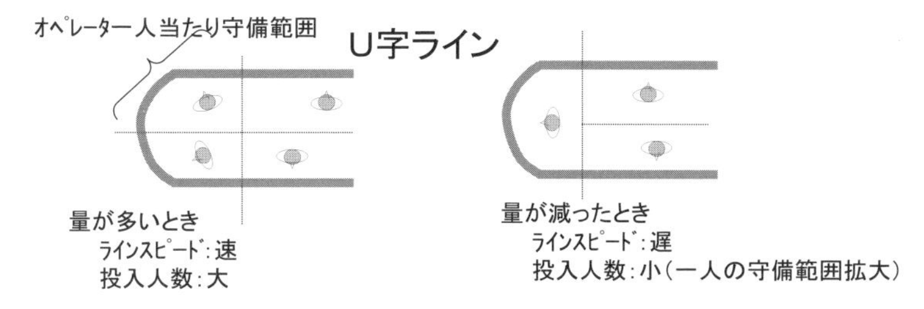

図 1.6 多能工/U 字ラインによる変動に対する効率維持策

③生産サプライチェーン形成によるフレキシビリティ確保：さらに自社での内生率を下げ，緊密な情報共有のもとで系列の部品メーカーにアウトソーシング（outsourcing）することで，外からの変動にフレキシブルな対応を可能にした．最終製品の生産を起点とする生産サプライチェーンの成立である．さらに同じ部品を複数のメーカーにつくらせ，競争の原理（同時に複数発注というサプライチェーンの途絶への対応の意味もある）とともに，よい成果を上げれば製造だけでなく，与えられた仕様のもとでの設計，さらに開発まで任されるというように成長・学習機会も与えられた．

ここでサプライチェーン（供給連鎖：supply chain）という用語を用いたが，正確には系列という言葉が正しい．しかしながら，1980 年代に米国の部品メーカーの日本進出を阻むものとしての系列批判の一方で，リーンという命名が与えられるベンチマーキングの過程で，サプライチェーンという名前が与えられる．それが後の 1990 年代半ば，米国での IT を武器とし生産から最終市場を起点としたサプライチェーンマネジメント（SCM：supply chain management）の起こりとなる．

(2) 内なる変動の見える化と変動低減活動

一方，1 個流しやかんばん方式が成立するためには，リードタイム短縮のためにもさらなる内なる変動の封じ込めが要求されるようになる．ここで内なる変動とは，作業時間や品質の変動に加えて，段取時間や故障等も変動をもたらす源泉となる．

①シングル段取：小ロット化や 1 個流しのための段取替えの増加は，第 4 章で述べるように故障とともに変動を増幅する．これを防ぐためには 1 回当たりの段取時間を極力短くする必要があり，段取時間を 10 分以内，すなわちシ

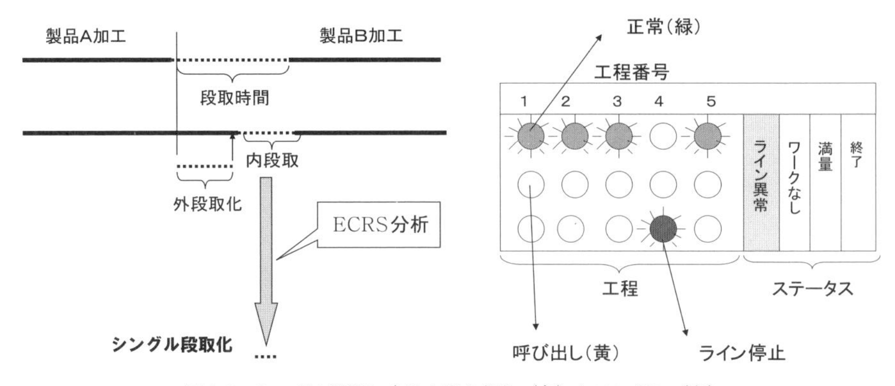

図 1.7　シングル段取に向けた取り組み（左）とアンドン（右）

ングルの分にすることを目標とするシングル段取（海外ではSMED（single minutes exchange of die）と呼ばれる）への取組みが恒常化された．

図 1.7 の左に示すように，まず前の製品を加工しているときでもできる作業（外段取）と，設備を止めてからしかできないもの（内段取）を区分し，まず設備を止めなくてもできる作業を拾い出す外段取化を行う．そして残った内段取について作業を要素に分解し，先行・後続関係（複数のオペレータで行う場合には各オペレータの行う要素作業を時間軸上で示した組み作業分析と呼ばれるチャートを作成）に基づく内段取時間を決めているクリティカルパス上の要素に着眼し，ECRS の視点から繰り返し改善アイデアを出すことによってシングル段取に向かうアプローチがとられる．

②自働化と目で見る管理：TPS の原点は，豊田佐吉の自動織機に適用されたニンベンの自動化と呼ばれる自働化（autonomation）という考え方である．これは設備に異常や不具合が生じた場合，設備自身がそれを感知し設備を止め不良品をつくらないための仕掛け装置の設置である．この考え方を拡張し，工場内における変動の源泉である故障や不良，遅れ，あるいはその予兆や状況を見える化する“目で見る管理”（visual control）が生まれる．

図 1.7 の右はその代表例であるアンドン（Andon board）である．工場内のどこにいても，各工程でライン停止が起こった場合，その原因やオペレータの呼び出し（真ん中のランプがついていなければ既に対応）状況がわかるようになっている．その他，問題や不具合が目に見えるように 5S にはじまる様々な

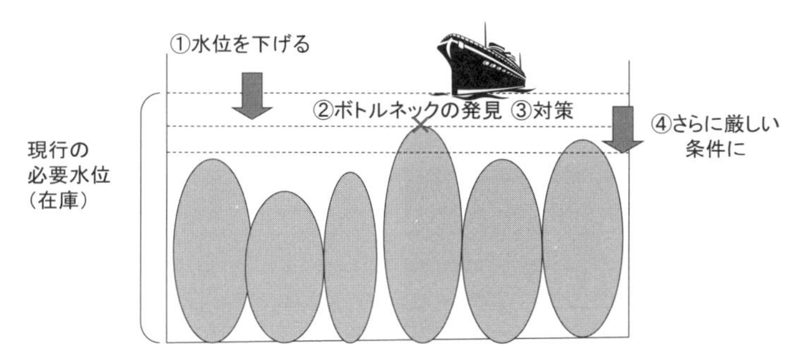

図 1.8　船の航行になぞらえた TPS の強制的な変動低減（連続的な体質強化）活動

仕掛けが考案される．この“目で見る管理”が，現在の SCM における様々な場面で使われるようになった見える化（visibility）の源泉といっても過言ではない．

③強制的な変動低減活動：これも自働化の拡張概念として強制的にボトルネックや弱点を見つけ，故障 0，不良 0，遅れ 0 に向けた体質強化を図る異常の顕在化の仕掛けである．たとえば，TPS は在庫 0 の方式という誤解があるが，強制的に在庫を削り，そこで出現する弱点を見つけるといったアプローチである．図 1.8 は，工場の運営を船の航行にたとえたアナロジーであり，水位が在庫の大きさに相当し，水面下にあるのが船の航行を邪魔する岩（ボトルネック・弱点）である．

水位（在庫）が十分あるときは船の航行には支障ないが，まず強制的に水位（在庫）を下げる．そうすると一番の弱いボトルネックの岩が顔を出し船がストップする．そのとき，船（工場）をそのままストップさせ続けても岩を削る（対策をとる）．それでは終わらず次にさらに水位（在庫）を減らす．すると次のボトルネックが顔を出し，同様に対策をとる．このような手順を連続的に繰り返すことによって，少ない水位（在庫）でも船（工場）が稼働できるような体質強化が図られるというものである．

2.3.2 項で解説するかんばん方式の運用でも，2 工程間に投入されるかんばん枚数は，問題がなければ調整する（かんばんを抜く）ということで行われる，あるいは行われていた．このような厳しい変動低減活動は，むしろかんばん方式を適用するための前提条件である．第 4 章で述べるように，かんばん方式はスケジューリング方式としては最適ではなく，むしろ変動低減活動のための手段ともいえる．

④ SQC と源流管理：QCD の Q，品質に関していえば，品質，厳密には品質特性には必ず変動を伴う．この変動が設計上の許容差（tolerance）以上であれば不良品となる．欧米流の品質管理は，市場に不良品が流出するのを防ぐための検査（inspection）によって品質保証するという考え方が主流であった．これに対して TQM を生み出した日本の品質管理では，“品質は工程で作り込め”というスローガンで，SQC（統計的品質管理：statistical quality control）やその簡易法である 2.1.4 項で解説する QC 七つ道具を活用した不良 0 を目指した製造品質の改善活動を生み出した．

しかしながら，もともとつくり難い設計であれば，すなわち，設計品質に問題があればこれには限界がある．不良や不具合といった変動の源泉の多くは製品設計にあり，図 1.9 に示すように，検査から製造品質，そして設計まで遡った変動を未然に抑え込む，すなわち品質を作り込む活動が，源流管理（do it right at the source）である．具体的にはつくり易さのノウハウを設計指針にした DfM（製造容易性設計：design for manufacturability）や，設計の節目節目で関連部門が集まり潜在的な問題点を審査する DR（デザインレビュー：design review）等である．

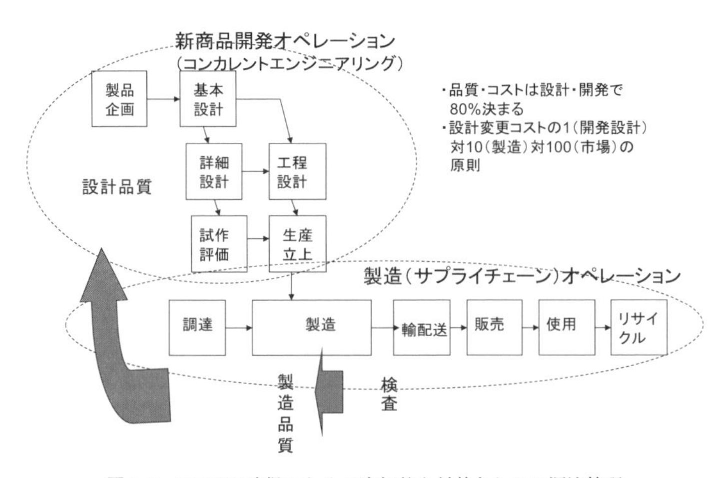

図 1.9　QCDES 確保のための究極的な対策としての源流管理

品質面では，タグチメソッドとも呼ばれる品質工学が生まれる．中でもパラメータ設計は，劣化を含めた品質や性能を阻害する外乱となる変動を設計時にあらかじめ想定し，そのような変動があっても性能を安定化させるパラメータを設定する方法で，ロバスト（robust）設計とも呼ばれるものである．

また環境や安全対応の面でも，源流管理はきわめて重要である．reduce（使用資源の削減），reuse（部品の再使用），recycle（再利用・資源化）の 3R を有効にするための DfE（環境対応設計：design for environment），安全にかかわる潜在的な不具合モードを列挙しその影響度を評価する FMEA（failure mode & effect analysis）手法を活用した DR 実施による安全設計の確保は最重要事項とされる．

“品質・コストは設計・開発で 80% 決まる”といわれるように，製品コスト低減にも源流管理は大きな効果をもたらす．それがトヨタでの実践にはじまる原価企画（target costing）である．販売価格は市場の状況で決まることから，利益を確保するための目標原価がまず決められる．設計・開発の初期段階で実際に見積もられる予測原価と目標原価の差を明確し，“設計”，“つくり方”，“(部品・原料の）買い方”の 3 つの側面から目標原価に近づける製品開発段階での改善活動である．

また製品企画から設計･開発，生産準備，製造，そして場合によっては販売後，変動が見つかりそれを抑え込むための設計変更が生じる．そのときのコストは下流で発生するほど幾何級数的に増大する．そこで設計・開発のなるべく源流で潜在的な不具合の発見が重要となる．同時に，設計変更による手戻りは開発リードタイムの延長を招くことから，上述の源流管理の方策に加えて開発工数のフロントローディング（工数負荷を源流にシフト）や，様々な CAE（computer aided engineering）と呼ばれるシミュレーション技術の活用が進められる．

その際，何より，部品メーカーを含めた設計・開発に関与する部門間の情報共有が重要で，QCD の中の D，開発リードタイムを短縮のためのキーワードとしてコンカレントエンジニアリング（concurrent engineering）という用語がトヨタ系列の実践から生まれた．これは企画から生産準備までの各活動を，互いの緊密な情報共有により，同時並行的にオーバーラップさせることによるリードタイム短縮を企図したものである．前述した生産サプライチェーンという言葉の中には，部品の設計・開発を担う部品メーカーとの緊密な情報共有によるコンカレントエンジニアリングの実践も含まれている．

以上のような標準の上で組織的改善をベースとした日本的アプローチは，日本製品の高品質・高信頼性の名声を世界的に高めると同時に，米国による TPS や日本の自動車メーカーの徹底的なベンチマーキング（benchmarking）に晒されることになる．

そして与えられたネーミングがリーン生産である（ウォマックら，1990）．サプライチェーンやコンカレントエンジニアリングという用語もその過程で日本のものづくりの実践から生まれた用語である．品質面の組織的改善活動である TQC も同時にベンチマーキングされ TQM となり，さらに米国流にカスタマイズされた 6 シグマとなる．この 2 つを合わせた“リーン & 6 シグマ”は，現在でも 5S からはじまる現場レベルでの改善パラダイム，あるいは合言葉として，全世界に広まっている．

なお，ベンチマーキングとは，“敵（彼）を知り己を知れば百戦あやうからず”という孫子の兵法にあるように，自組織を改革するために，参考となる対象をターゲットとしてそのやり方，慣行，プロセス等を観察・分析し，自社との比較を通して改革を起こす手法である．米国による日本のベンチマーキングを通して，広く経営手法として用いられるようになった．逆にいえば，日本では不良 0，故障 0 とかの理想目標（実際に実現は不可能であっても）に向かって改善が生起するのに対して，海外では“ここまでできる”という現実を突きつけられなければ改善が起きないということであり，日本のものづくりの強みといえる．

一方で，日本と異なり海外では変動低減活動がなかなか定着しない．ということから登場するのが，“変動を認めた上で最適化”するようなアプローチである．それが 1980 年半ばの TOC（制約理論）であり，2000 年を過ぎた頃登場する数理的アプローチである Factory Physics である．これらは，日本的なアプローチの弱点である現状の実力でスループットを最大化するために今後不可欠となる“最適化”の必要性を教えるものであり，それぞれ第 3 章，第 4 章で取り上げる．

コラム3 さらなる外からの変動とセル生産

2000年頃になり，外からの変動，需要変動がさらに激しくなったAV機器や事務機器生産の組立では，図1.6の多能工とU字ラインをさらに進化させ，コンベアを廃止し間締め（工程間の間を詰める）やLCA（重力を利用した搬送等の安価な自動化装置：low cost automation）と，すべての作業ができる万能工による自己完結性を高めたセル生産の導入がはじまった．その典型が，図1.10の左上に示すような1人ですべて作業を担う自己完結型セル（影の部分が部品置き場＋作業台）である．スペースの大幅な節約に加えて，量の急激な変動にもセルの数の調整で対応でき，何より設備投資を極力抑えることができる．

一方，図右上にあるのが作業を分担するグループセルである．その下の図に示すように，多能工のレベル，たとえば30分の作業ができる3級の多能工では，その設計ロジックとしては各人の専任の固有タスクは15分の作業で，その前後の7.5分の作業は助け合いゾーン（前後のオペレータとの共有タスク）からなる．この助け合いゾーンでワークを引き継ぎ，引き渡すことによって作業の変動を吸収し，作業効率を100%に近づけることができる．

現在，セル生産も徐々に人からロボットに置き換わりつつある．特に1個流しの場合，加工時間の異なるワークが流れると，サイクルタイム中の正味の加工時間が著しく低くなることから，様々な改善アイデアを常にロボットに委嘱ということが行われている．すなわち，IoTやスマート工場が喧伝される中，多能工から

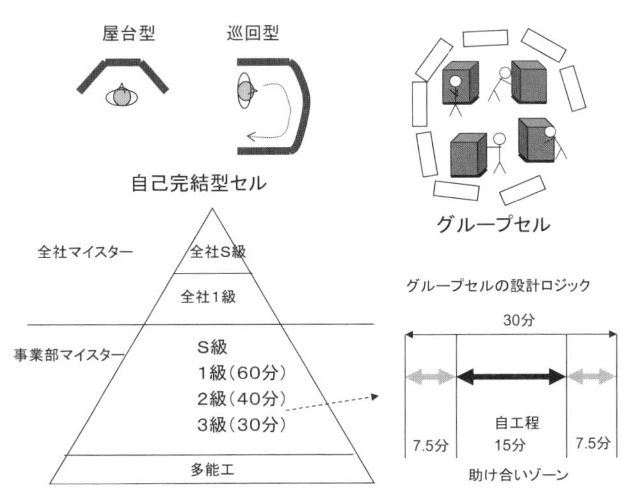

図1.10 セル生産の形態とグループセルの設計ロジック

ロボットに置き換わっても，改善は引き続き必要ということである．

なお，ライン生産でこのような助け合いに相当する共有タスクを工程間に導入し，ラインバランス効率を高める手法としてDLB（dynamic line balancing）がある．ただし工程間に仕掛在庫をもつことを前提としたものであり，仕掛在庫にするかどうかを含めた複雑な引き渡しルールが必要である．さらに海外におけるセル（ラー）生産（cellar manufacturing）と呼ばれるものがある．主に機械加工において，多品種の部品を分類してまとめ，グループごとに適切な治具や設備を割り当てことによって効率を高め，流れをつくるものである．日本における多能・万能工を前提とした組立セルとは，全く異なるものであることに注意する必要がある．

1.5　サプライチェーンにわたる変動対応と価値創造パラダイム

(1) 需要変動を起点とするSCM

ものづくりを含めた産業へのコンピュータの活用の先駆的な役割を果たしたのが1970年代初頭から普及がはじまるMRP（資材所要量計画：materials requirement planning）である．最終製品の期別所要量から，B/M（bill of materials；部品構成表）に基づく親子関係と，部品の補充（生産）リードタイムから，トップダウン的に“いつ，何が，何個必要か”が，最終製品から下位の部品に順次展開され，それぞれの部品の総所要量，そしてオーダー（生産指示，発注）がつくられる．その際，正味の所要量は，総所要量から，在庫や既に計画済の生産量を差し引くことによって計算される．

MRPはJITのプルに対してプッシュ方式と呼ばれる．プルでは後工程の実際の需要や消費によって引っ張られて前工程のオーダー（生産や運搬指示）がつくられるのに対して，コンピュータ上でトップダウン的に計算によってオーダーがつくられるからである．

それではMRPでは内なる変動にどのように対処しているのであろうか．MRPでいう期別の期とは，月であったり週である．たとえ実際のリードタイム（変動を伴う）が平均2日であってもMRPの計算では1月あるいは1週となり，リードタイムの変動をそこで吸収し，その分だけ自然に発生する過大な在庫で，様々な内なる変動が隠されてしまうのである（図1.8との対応でいえば，水位をたっぷり上げてあることに相当）．

そして何より，MRPは一種の情報システムであり，現状の変動の大きさに合わせて余裕をもった期やリードタイムが設計されるため，リードタイム短縮のインセティブが働かないといった問題点をもつ．しかしながら，MRPは生産計画のシステムから，しだいに機能を拡張し，現在ではERP（enterprise resource planning）として，企業のもつ様々な人，資金，設備，資材等の資源を統合的に管理する業務の効率化や，最適化を目指す統合型（業務横断型）業務パッケージとなっている．

少し話がそれたが，1990年代後半以降ものづくりのあり方を変えたのが，ITを活用した外からの変動への直接的な対応である．それがSCMである．製品の生産を起点とするTPSのプルは，生産という場で最終製品の生産量の変動を一旦“凍結”して，そこから上流の生産サプライチェーンのマネジメントといえる．これに対して，SCMのあらゆる補充活動は，最終的に需要があってはじめて喚起されるわけであり，系列を超えて市場における最終需要を起点とした情報共有を目指したSCMへの進化は，ITという武器の出現によるごく自然な発想である．

その理論的根拠を与えるのが変動の組織の壁による増幅メカニズムであるブルウィップ効果(bullwhip effect)である．図1.11に示すように，サプライチェーンの組織間で情報共有なしに（組織の壁），最終需要の情報が川上に向けてのオーダー（発注）という形で伝言ゲームのように伝播すると，図の上に示すように，牛をうつ鞭（bullwhip）のように川下の小さな変動が川上に向けて大きく変動が増幅されるというものである．このような川上の大きな需要変動は，

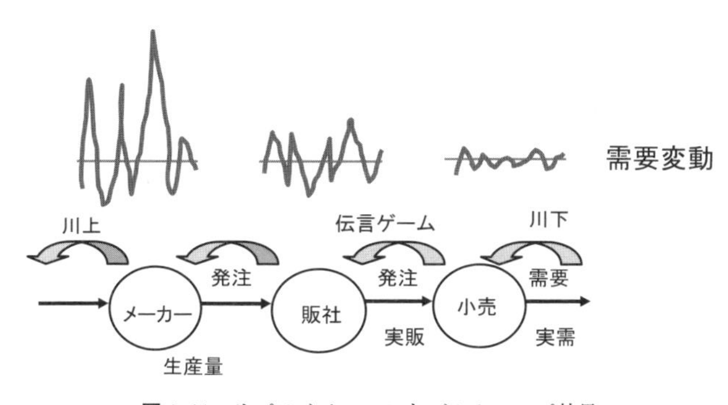

図1.11　サプライチェーンとブルウィップ効果

大きな在庫の必要性やムリ・ムラ・ムダを招く.

ITという技術に加えて，サプライチェーンを構成する組織間の合意に基づくそれを有効化するためのEDI(electronic data interchange：電子データ交換)の標準化が推進される．同時にITの利活用を有効化するためにリエンジアリング（reengineering）と呼ばれる業務・組織改革が米国を中心に進行する.

そして,1990年代半ばには,このような理念に基づく“見える化”（visibility）の範囲をサプライチェーンに拡大した本格的なSCMが米国で生まれる．その先陣をきったのが，業界レベルの小売とメーカーの情報共有を促進した加工食品業界のECR（efficient consumers response）やアパレル業界でのQR（quick response）である.

正にこれから2000年に向けて様々なSCMに関連したビジネスモデルが出現しブームとなった．その過程で，第5章のコラム13で紹介するような情報共有やIT活用を促す様々なバスワードが喧伝された．CRP，VMI，3PL等の3文字語である.

さらにこれらは現在の外からの変動，需要情報の共有であるが，2000年以降には未来情報まで共有しようという動きが出てくる．CPFR（collaborate planning forecasting & replenishment）である．将来の販売促進等の小売側からはどのように売りたいか，そしてメーカー，ベンダー側からはどのようにつくりたいか，それらを連携して共有し，利害を調整することで変動に備え，売上を伸ばそうというものである．現在のコンビニ業界でのPB（private brand）の急激な伸長は，このCPFRのメリットを引き出したものといえよう.

しかしながら，日本での真のSCMは実際にはなかなか進展しない．組織間でコンピュータを介した情報やシステムを共有するためには，共通の言語（通信プロトコル，部品名称やコード等）や慣行（取引形態等）が必要である．いわゆる標準化（standardization）である．ところが改善が得意な日本企業は，同一の企業であっても改善の副作用ともいえる過度なカスタマイズに走る傾向が強い．したがって,この標準化が進まないために,せっかくITを導入しても,効果はサプライチェーンや全社に渡るものではなく，個別の事業所内だけに止まってしまうというようなことを繰り返しがちであった.

コラム4　モジュール化による変動の抑え込み

モジュール化設計（modular design）とは，ある一定の機能を果たす半自律的なサブシステムであるモジュールを，一定のルールに基づいて連結することで複雑な製品が構成される製品構造をいう．これは自動車に代表されるように一つの製品が何万点もの部品からなるという複雑化に対応したものである．

モジュール化あるいはモジュラー型の特徴は，その対語である日本のものづくりが得意とする擦り合わせあるいはインテグラル（integral design）型（藤本，2007）と対比させるとわかりやすい．擦り合わせ型では，一つの機能に多くの部品がかかわり，それらの部品の擦り合わせにより品質や機能が決まるため，多能工に見られるような高度なスキルや製造ノウハウが要求されるのに対して，モジュール自体は複雑なシステムであっても，最終製品の組み付けにはそれの連結ルールに従い簡単にでき，内なる変動との戦いから解放される．いいかえれば，設計からトップダウンでの内なる変動対策ともいえる．

モジュール化により，設計ルール，連結ルールが定まると，個々のモジュールの設計や改善は，他のモジュールとは独立して行えるようになる．特にPCのように連結ルールもオープンになると，グローバルなモジュールの開発競争が起こり，価格も低下する効果をもつ．2000年になってからPCの生産から多くの日本企業が撤退を余儀なくされ，中国企業がイニシャティブをとるようなったのはこのためである．

もう一つのモジュール化のオペレーションズ・マネジメント上のメリットは，第5章で取り上げるリスクプーリング（risk pooling）や差別化遅延戦略（postponement strategy）を用いることを可能にする．

現在，モジュール化はますます進展し，たとえばVW社のモジュールをレゴブロックのように組み立てるMQB（modular transverse matrix）の取り組みが2012年からはじまり，日本でもトヨタの車種横断型の設計共通化法としてTNGA（Toyota New Global Architecture）が知られている．これらは21世紀になってからのグローバルな競争が激化する中，開発リソースをいかに節約するかということが大きなねらいとなってきている．

そしてドイツのIndustrie 4.0では，このモジュール化とIoT環境を活用して1個1個違うものをつくるマスカスタマイゼーションが構想されている．しかしながら，日本流の1個流しが平準化ロジックや多能工を前提としたボトムアップアプローチであるのに対して，モジュール設計によってトップダウン的に実現しようとする試みは，本書の課題であるサイクルタイムに対する1個ずつ異なる加工時間の変動の壁をどう乗り越えるかが課題であろう．同時にそれができても，顧客価値や感性に訴える魅力ある個性的な商品という最大の壁をどのように打ち破ることができるかももう一つの大きな課題であろう.

(2) グローバルサプライチェーンに伴う新たな変動・リスク

SCM の進展を横に見ながら日本のものづくりは，バブル崩壊後，為替や国内の労働コストの高まりから，まずコスト理由から中国を中心に海外に拠点を移してきた．そして 2000 年を過ぎ新興国の市場が台頭するにつれ市場に近い国で生産・販売する地産地消というモデルに移行してきた．同時に開発と生産を異なる国で行う国際的水平分業モデルも出現する（日本はこのモデルでの競争に特に電子産業では出遅れた)．そのような変化によって，グローバル SCM の重要性が急速に高まるようになってきた.

需要や在庫といったグローバルサプライチェーンの“見える化”とともに，新たな外からの変動, リスクの“見える化”が課題となってくる. サプライチェーンが多くの国・地域にわたるため，カントリーリスクや天災等によるサプライチェーンの途絶のリスクである．そのための BCP（business continuity plan）等の事業継続や影響緩和（レジリエンシー：resiliency）等のコンティンジェンシー計画が求められるようになる．その基本は, リスクの予測とともに, バーチャルリソース（たとえば，製品や部品，そしてシステム等の代替性を確保するための共通化や標準化）の活用を図ることである.

さらに為替変動や，タックスサプライチェーンという用語があるように FTA/EPA（経済連携協定）(2015 年には TPP の合意）に伴う関税率の変化にも常に監視しておく必要がある．以上に加えて，最近では，サプライチェーンの社会責任に関する ISO 26000（2010）のガイドラインの制定に伴い, 人権, 労働慣行，カルテルや FCPA（贈賄等の海外腐敗防止法）等の法令遵守，環境等の問題について，自社でなくても関連会社やその取引会社等の組織の影響力が及ぶ範囲で，これらの問題を起こすと訴えられる事例があり，そのための国際的な枠組みが整備されている．したがって, 知らなかったでは済まされず, そこで求められるのはデューデリジェンス（due diligence)，リスクの存在と生じる影響を明確にし，それを回避する努力が重要である.

図 1.12 は，これまで述べた変動・リスクを，その頻度あるいは範囲の広さと影響の大きさのマトリックスとの対応で位置付けたものである (Hopp (2008)

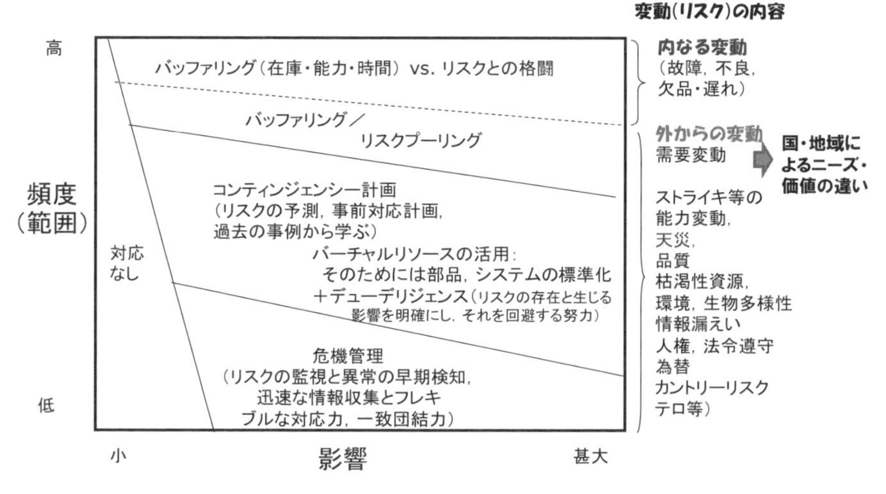

図 1.12 サプライチェーンにかかわるリスク(変動)とその対応策

を参照して作成). マトリックスの中には, 対応策が示してある. 詳しい説明は割愛するが, 従来日本企業が強かったのは, 内なる変動に対して故障 0, 不良 0 といったリスクそのものをなくそうという改善努力(格闘)と, 実際に東日本大震災といった大きなリスクが起こったときの一致団結した危機対応力である. 反対に変動を認めたバッファリングによる最適化や, あらかじめリスクを予測して代替性を確保するための標準化を進めるコンティンジェンシー計画は弱く, 早急に強化する必要があろう.

ようするに, 事業所内といった目の前のリスクには大変厳しいが, 日常を超えたサプライチェーン全体のリスクには案外無頓着ということである. その結果, 現場は強くても, グローバルな視点でのリスクマネジメントの競争には遅れをとりがちになった.

コラム 5　日本の産業競争力低下とガラパゴス化

世界で約 60 の主要各国の産業競争力のランキングに, 1989 年からはじまり, 経済パフォーマンス, 政府効率性, ビジネス効率性, 社会インフラの 4 分野約 300 項目の評価から算定毎年公表される IMD 国際競争力ランキング(スイス国際経営研究所)がある. 組織的改善力というオペレーションズ・マネジメント上のイノベーションにより, 日本製品の高品質・高信頼性の名声とともに, この総合ランキングでも, 1993 年まで日本は堂々の首位にランクされた.

バブル崩壊後，世界の競争力の背景の規範が，“個人がリスクをとる制度・文化”，“海外へのオープンさ”の2つの軸とするものになる中で，急激に順位を落とし，2002年には総合27位まで順位を落とし，その後はほぼ20位台に低迷し，直近の2016年で26位である．この間，トップは米国，自由貿易港のシンガポール，香港が占め，アジアの台頭とともに，2010年には台湾，マレーシア等のアジアの国々にも抜き去られてしまうことになる．

なお，同じく世界の国の競争力ランキングでスイスのダボス会議で知られる世界経済フォーラム（WEF）が発表するものがある．2014年では，対象の144カ国中日本は，スイス，シンガポール，米国，フィンランド，ドイツについで第6位である．WEFの競争力とは「国家の生産力レベル」と定義され，IMDの方が現在の“勢い”や競争力を生み出す源泉である“制度の適合性”を示すのに対して，過去の蓄積を含めた現在の生産力レベルの実力を反映しているものと思われる．いいかえれば，このような生産力のストックがあるうちに再び競争力を高めることが喫緊の課題といえよう．

バブル崩壊後の20年間，日本のものづくりは“イノベータ（イノベーション）のジレンマ”に陥ったといえないであろうか．クリステンセン（2012）によれば，イノベータのジレンマとは，リーダー企業の失敗は従来の大手顧客に効率的に応えるようになり，新規顧客ニーズを見逃す，というものである．その間台頭してきたボリュームゾーンと呼ばれる新興国の中間層（年収5,500ドル以上）の膨大な市場で，欧米や韓国企業に遅れをとってしまった．この市場は今でも増加し，日本の人口減に対して，2020年には20億人の市場を形成するといわれる．

一方，国内ではガラパゴス化という現象が進行していく．これはガラケーと呼ばれる携帯電話などの製品だけでなく，広く日本の社会経済にもあてはまるものである．図1.13は，その例を列挙したものである．一言で要約すれば，海外では考えられない“過剰なまでの正確さ，清潔さ，新鮮さ”が当たり前という慣行の定着化である．工場の5Sは有名であるが，筆者は海外で“日本は街も人も国全体が5Sだね！”といわれたことがある．

オペレーションズ・マネジメントに関係するビジネス慣行の中の特に商慣行は独特である．潜在的な資源のロスやグローバルなオープンな競争を阻害するものである．たとえば，1/3ルールというのは賞味期限の1/3を経過した加工食品は小売店が商品を引き取らないか，返品になるもので，消費者の知らないところでそれらは廃棄処分されるという膨大な資源の無駄使いとなっている．また物流では，TPSのジャストインタイムといううわべだけが先行し，暗黙のうちに納期遵守率100%が求められるという慣行が当たり前化している．

製品
・多機能，高機能すぎて海外で競争力を失った携帯電話（ガラケー），ナビ，エレクトロニクス製品
・故障しない製品，高品質・高信頼性の裏返しとしての**メインテナンスフリー化**
・最終工程に葉片をピンセットで取り除く作業を強いられるジャム
・部品の**過度なカスタマイズ**（OEMは細かく仕様を指定，それに応える部品メーカー）

過剰なまでの
正確さ清潔さ，
鮮度さ！

ビジネス慣行
・生鮮食料品化する製品：加工食品製造後，賞味期限の1/3を過ぎると商品を引き取らない小売（**1/3ルール**），後は賞味期限まで死待ち在庫，“もったいない”の一方で大量な食品廃棄量
・SLA（*Service Level Agreement*）なしに納期遵守率 99.9％でも不十分という暗黙の了解（SLAにより欧米では90%で十分な場合もある）
・シュリンケージ（物流過程の盗難・紛失）のない日本の物流（地域によっては10%以上も），
・日本のスーパー：一品目当たりのSKU（サイズ，デザインの違い）数は欧米の2～3倍以上

消費者
・高品質にもかかわらず世界一厳しい日本の消費者
・絶対安全を求める消費者，リスクは他者（メーカー，国）依存型⇔欧米では**ALARP**（As low as reasonably practicable）原則（合理的に実行可能な限りできるだけ低く）
・買物をして，物が届くよりも，時間どおり届くことに関心をもつ日本人消費者
・日本の消費者の発想の欠如：“この製品がどこでどのように作られたのか？”

その他
・起業活動率：先進国で最低，“失敗の恐れ”を抱く人の割合は50%で先進国で最高
一方で**200年企業**，世界7000社中，日本が3000社（ドイツ500，オランダ，フランス200）
・同じ業種内での同質的企業の競争

図 1.13　製品だけでなくガラパゴス化した日本の社会経済

これらを小売，メーカー（荷主），物流という売り手・買い手の関係でとらえると，買い手の方が暗黙の厳しい要求を売り手に課しているという図式が見える．もう一つ，それを加速しているのが，他国ではめずらしい同じ業界内での多くの企業の同質的競争が繰り広げられているということである．特に小売の同質的競争は激しく，それが連鎖した結果がガラパゴス化の結末ではないだろうか．むろん，小売の先には消費者の存在があり，その消費者自身が品質に厳しくリスクを嫌う国民であることがその源泉かもしれない．

他国と異なり物流の過程でシュリンケージ（紛失・盗品）がほぼ皆無というのはよいことであるが，そのようなリスクがあるからこそ，GPS を活用したサプライチェーンの“見える化”への IT 投資が十分なコストメリットをもつことから，新興国でも加速している．そのような見える化ができるとそのインフラの上で，最適化や付加価値の高い IT 活用につながる．日本はそのリスクがないということで，広い範囲での“見える化”に遅れをとったのは皮肉なことである．

いずれにしても，企業も消費者も目先のリスクには厳しいが，日常を超えたリスクには無頓着ということであり，これらの深層には後述する日本の“今＝ここ”文化がある．

なお，一方，逆に世界が今まで知らなかった新たな価値創造につながる“良性ガラパゴス”ともいうべきものあり（これについて第6章で述べる），これらを選

別した見直しが必要であろう.

(3)　事業収益向上と顧客価値創造を起点としたSCM

グローバルSCMの進展に従って，SCM自体の機能，ミッションも進化を遂げることになる．図1.14に示すように，SCMは特に日本企業の場合には，先進的生産・物流管理の立場から在庫（資産）やコスト（費用）を削減することを目的としてきた．これに対して海外の特にグローバル企業では，売上げを増大しROA（return on asset：資産収益率）やEBITDA（earnings before interest, taxes, depreciation, and amortization：減価償却前営業利益）等の事業収益を最大化する取り組みにシフトしてきた．すなわち，オペレーションズ・マネジメントを超えた正に経営の柱としてのSCMである．

そのためのツールとして事業・販売・需給・生産調達等の計画を同期させたS&OP（sale & operations planning）と呼ばれる数量と金額をワンプラン化した計画や，この手を打てばどのような結果のシミュレーションを可能にする（what if 機能）システムが用いられるようになってきた．これは経営層と生産や販売，在庫等の業務部門が情報を共有し，売上や利益に関する意思決定速度を高めることでサプライチェーン全体を最適化しようというものである．

この動きの中で，SCMの組織形態としては販売やマーケティングの関与，一体化が必然的に求められてくる．加えて，特にグローバル企業が直面した新たな変動が，図1.12の需要変動から右横に矢印で示した国・地域によるニーズ・価値の違い，すなわち顧客価値の変動である．これまでの変動が時間軸上で発

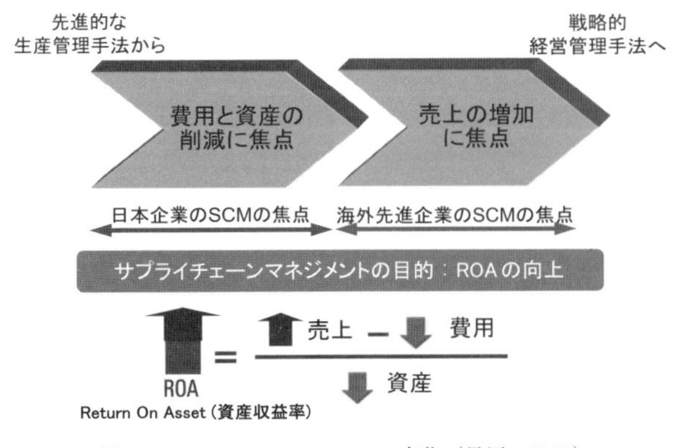

図1.14　SCMのミッションの変化（貝原，2015）

生するものであったのに対して，提供する商品に対する文化や制度の異なる市場が感じる価値の違いによる変動への対応である．地理的・空間上で発生する変動である．さらに成熟市場でも後述するように顧客価値が供給者側から見えないという変動も加わる．図 1.14 の売上に直結するのが，市場ごとに異なる顧客価値にマッチしない商品の提供に伴って発生する機会損失（opportunity loss）である．

これに対処するためには，品質についての考え方の根本的な見直しが，特に高品質・高信頼性で成功した日本企業に迫られることとなった．本来，図 1.15 に示すように，顧客ニーズを把握しそれを設計品質に反映し，そのネライに対してなるべく変動を小さくするように製造（適合）品質をつくり込み，顧客に供給，顧客価値創造やその結果として顧客満足を獲得するというサイクルをうまく回すことで，品質管理の機能を完結できた．

しかしながら，最近のような成熟した市場では，まず顧客ニーズがなかなか把握できない，顧客自身も自分が，何が，どのようなものが欲しいのかわからないという供給者側から見え難い状況が生まれた．加えて，上述した異なる文化，価値をもつ新たな国や地域の市場の出現により，供給者側の考える高品質（裏の品質力）と，顧客側の感じる価値（表の品質力）では，大きな乖離を生じるようになってきた．また，安さを求めるコスト消費と幸福追求のための道具消費の二極化も進む．前者のコスト消費の代表例である 100 円ショップの商

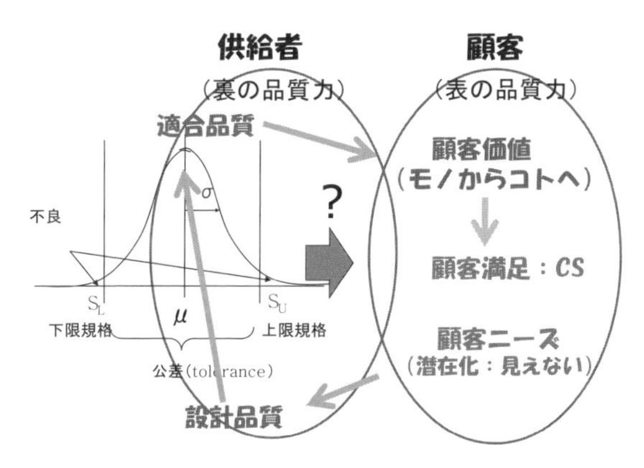

図 1.15　品質についての考え方の変化

品では“そこそこの品質”で十分で，一方，道具消費の方に求められる顧客の“何かへのこだわり”は，なかなか供給側から見えない．

これを解決するためには，製品の性能や属性としての“モノ”から，製品を使って顧客の経験したい“コト”に着眼することが求められる．顧客を徹底的に観察し，それを顧客以上にその“コト”は何かということを考え抜くという，目的自体を探り当てる“共創”というアプローチが求められる．これには市場に近いマーケティングや販売と一体となった協業が必然的に求められてくる．

このような体制は，欧米のグローバル企業やアジアでも韓国サムスンが先んじて構築している．たとえば，2000年頃からGMO（global marketing office）を司令塔にして技術にこだわらず顧客価値創造に向け，グローバルサプライチェーンの見える化とそれを迅速に経営に結び付けるS&P的なシステムでSCMを展開している．P&Gやユニリーバでは，グローカリゼーション（glocalization）と呼ばれる同じ商品でも国・地域によりサイズや機構，デザインをカスタマイズした戦略が展開されている．

たとえば，Gartner社が毎年発表するサプライチェーンの世界ランキングでは，アップルを筆頭にP&Gやユニリーバといった欧米企業が上位を占める中で，サムスンは6位と上位にランクされている．残念ながら，日本企業では50位以内はトヨタのみで36位（2015年度版では24位）にとどまっている．

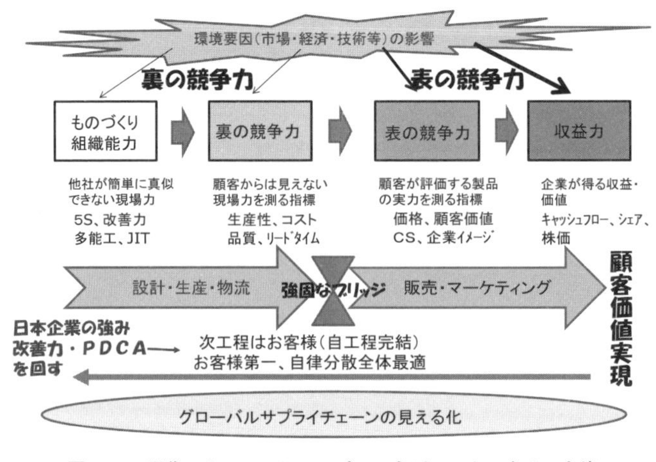

図1.16　現代のオペレーションズ・マネジメントのあるべき姿

その評価の要点は，“事業収益を上げるために，最終需要起点の原理に基づきリーダーシップを発揮している企業”である．

以上のようなことから，競争力の源泉となる現在の求められているあるべき姿をモデル化したものが図1.16である．高度成長時代には，ものづくりの組織能力や裏の競争力を支える現場力が強ければ，順次そのまま表の競争力，収益力に結びついた（藤本，2007）．現在では，環境要因からの矢印の太さに示すように，顧客価値等の表の競争力に力点が移り，そこに注力しない限り最終的な収益力に結びつけることは困難になったことを示している．まず顧客価値の変動をしっかり押さえることが求められるということである．

1.6　あらゆる変動の見える化を基盤とするIoTパラダイムに向けて

それではこれからはどのような方向に進んでいくのだろうか．それを教えてくれるのが，ドイツのIndustrie 4.0，あるいはIoT，米国のインダストリアルインターネットである．Industrie 4.0のベースはネットワーク間を繋ぐインターフェースの標準化イニシャティブ戦略であり，米国のIIC（industrial internet consortium）でもミドルウェアの開発競争が加速化されている．これらとIoT，ビッグデータ，人工知能（IoT/BD/AI）の技術要素を含めてIoTパラダイムと総称しよう．

図1.17はそのイメージ図である．工場内の現場とオフィス系，工場間，工場と移動中の物流等のB2B，工場と顧客を結ぶB2C，さらに顧客どうしを結ぶC2Cにかかわることから広範囲のバリューチェーン（value chain：サプライチェーンという供給連鎖から部門・組織・顧客間の価値連鎖という観点で，以下この用語を用いる）をカバーする領域を担うものである．そして図に示すように，IoTの役割を示すキーワーズとして，1．繋がる，2．代替する，3．創造する，の3つがあげられる．

まず“繋がる”は，バリューチェーンにかかわる必要なデータ，情報が繋がることによって，バリューチェーン全体のあらゆる変動の“見える化”が達成でき，ブルウィップ効果が解消され，著しい在庫削減やリードタイム短縮が可能となる．加えて現実に起きていることをCPS（cyber physical system：仮想

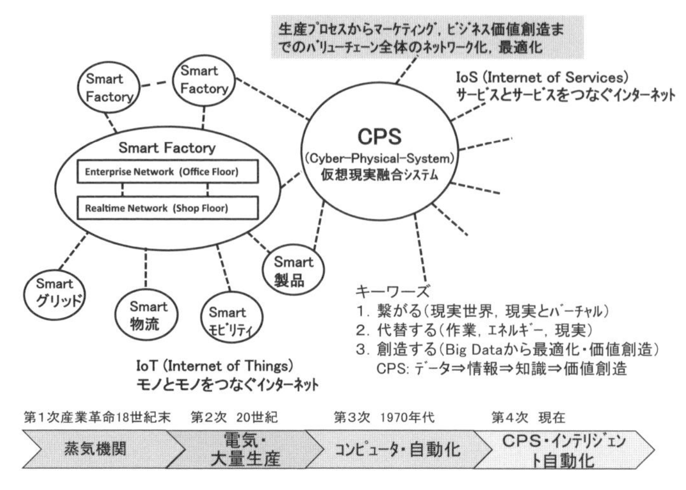

図 1.17 IoT の概念図

現実システム）上でモデル化し現実とつなぐことで，あらゆる内なる変動だけでなく外からの変動に対する即座の対応（最適化）や，その前兆現象を傾向管理することにより，変動の予知もできるようになる．

また品質面でも出荷後の製品について稼働の状況や変動をモニターし，故障からの復帰を遠隔操作で行うことで劣化防止や品質保証を可能にする．さらに開発されたソフトを遠隔でダウンロードすることで性能や機能を進化させることもできる(共創的機能発展方式とも呼ばれる)．これは製品の販売(供給)から，サービス（コト）の供給（販売）への転換を意味し，代金もモノではなく提供サービスで支払われるようになる．これにより物の移動は最小限に抑えられ，環境負荷も大幅に削減されることが期待される．

2番目の“代替する”では，人の作業がロボットに置き換わり，パワーアシストや運転支援システム技術により負荷なく女性や高齢のオペレータや運転手が活躍できる．また過疎地物流へのドローンの活用や，ウェアラブル端末や3次元計測・可視化技術，AI の進展により，現場や物流の改善をバーチャルに置き換えることも可能となる．さらには，客先での 3D プリンターの活用により設計情報を送り，客先での製造に代替され，物流そのものを代替することもできるようになる．

図中にあるエネルギーとは再生エネルギーへの代替である．たとえば，太陽光発電や風力発電は発電量に変動があり，しかも小規模なものが多い．これをバーチャルに統合し，大規模発電のごとく安定化して供給するという考え方である．正に第5章で述べるバーチャル（リスク）プーリングである．また現実からバーチャルへの代替は，現在でも一部行われているより進化したバーチャル開発がある．

3番目の“創造する”では，繋がることによるビッグデータから，CPS 上での様々な最適化や価値創造が可能になる．新しいビジネスモデルの創造や顧客のコトに関するデータからの顧客価値創造である．しかしながら，単なるデータから価値創造がなされるわけではなく，データから，情報，知識，価値創造までの連鎖構造を理解しておく必要がある．

IoT により繋がりいくらビッグデータが得られても，意味あるデータにするためには，ビジネスオペレーションプロセスや顧客の行動プロセスやアクティビティが定義されて初めて可能になる．そして，意味あるデータを分類・整理することではじめて情報となる．まずこの点に留意する必要がある．この情報から人工知能やデータサイエンスを駆使して有用な知識となり，それ自体が価値をもつこともあるが，そこから新たな価値（たとえば顧客価値創造）を生むような発見に至るためには，少なくとも人間の役割が不可欠である．新しい価値を生むためには，“何を”という目的自体もわかっていない次節で述べる“共創”アプローチが求められる．

「2045 年問題」と呼ばれる 2045 年には人工知能の性能が人間の脳を超えるという予測がある．またコンピュータの計算速度は幾何級数的に進歩している．しかしながら，効果と IT 投資とのトレードオフと，人間の能力を最大限に発揮させるというような発想が，この時代に競争優位を発揮する源泉であろう．

現場やロボット技術には勝るが SCM で遅れといった日本にとって，IoT パラダイムはその遅れを挽回する絶好の機会である．また少子化から人口減という切実な課題を抱える今日，代替できるものをロボットや IT に，そして人間の役割は，たとえば，現場のオペレータから現場監督者といったように，今よりも上位のレベルにシフトすることで補い，かつ能力を発揮する機会の場となることが，期待できよう．

1.7　まとめ：オペレーションズ・マネジメントの3つの問題解決アプローチ

これまで対象とする範囲を拡大しながら変動に対応という観点から，オペレーションズ・マネジメントの歴史を見てきた．これを要約すると，第2次産業革命の技術を活用しての標準化による変動の抑え込み，そして第3次産業革命と標準化というベースの上での改善による内なる変動の低減活動と外から変動の対応が競争優位を誇ってきた．そして第4次産業革命の前夜であるグローバルSCMの時代になると，業務の標準化を通したITによる広範囲の変動の見える化と同時に，顧客価値創造のための共創というアプローチが求められるようになってきた．これらは互いに相反するものでなく，図1.18に示すように積み重ねられるように進展してきた．

上田（2010）によれば，ものづくりの問題解決や発見のアプローチには，決定論的設計から創造的シンセシスまでの以下の3つのクラスがあるという．

クラスⅠは，目的および環境に関する情報が完全で，最適解探索が中心課題となる．環境に関する情報を完全に近づけるためには，まず“標準化”が手段となる．

クラスⅡは，目的情報は完全だが環境情報が未知あるいは変動する状況で，適応的解探索が中心課題となる．クラスⅠの環境情報を完全にしてもすぐ環境

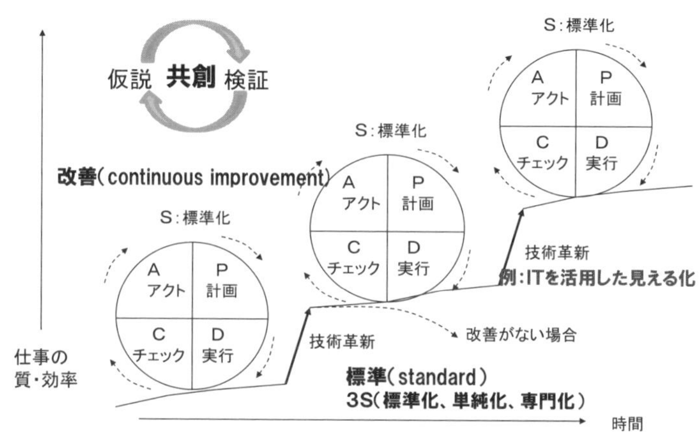

図1.18　標準化，改善そして共創

は動く．したがって常にその変動に対応するために，“継続的な改善”が必要となってくる．

クラスIIIは，目的情報も不完全で，何を目的とすればよいのかという目的確定と解探索がカップリングせざるをえない状況である．したがって，目的とする対象側との“共創”的解探索が中心課題となるものである．

“つくったものを売る”テイラーの時代の目的は，供給側のオペレーションの効率追求であり，これに対応するためのイノベーションが“標準化”であった．続いてTPSに代表される日本のものづくりが支配した“売れるものをつくる”時代になり，目的は顧客側の求める高品質（低コスト，短納期）に移る．加えて，環境条件の変動も激しくなるとこれを“目で見る管理”により“見える化”した上での“組織的改善”あるいは“変動低減活動”が，工業化社会の勝利者へと導くこととなった．

しかしながら，事業環境がグローバルサプライチェーンに拡大すると，その変動を“見える化”するためのベースとして再びIT活用のためのクラスIの“標準化”アプローチが求められる．ここで日本は一時的に遅れをとった．加えて，市場の成熟化とグローバル化により目的である顧客価値そのものが見えにくくなってきた．そこで要求されるのが，クラスIIIの“共創”アプローチである．今，突入しようとしているIoTパラダイムの時代には，標準化，改善に加えて共創アプローチができるプロデューサー的人材こそ求められているのではないだろうか．

コラム5で紹介したIMDの競争力ランキングの一項目，“CS重視の経営”は，バブル崩壊後も日本は常にトップの座にいる．しかしながら，それはともすれば過去の成功体験，イノベーションのジレンマに基づく“高品質”という供給サイドの視点でのCSになっていないであろうか．そこから脱却し，顧客との真の共創ということに基づけば，IoTというインフラの上にのり，クラスIIの強みがますます発揮できると思われる．本来，顧客との共創というのは，“お客様第一”，“おもてなし”，“三方よし”等，日本文化の原点に立ち返れば他国をしのぐものである．

コラム6　日本文化は“今＝ここ”文化

国の文化の研究で有名で広く受け入れられているものとして，ホフステード

(1995) の国の文化の 4 次元がある．①権力格差（部下の上司への依存性），②集団主義（個人個人の結びつきの度合），③男らしさ（男女の役割分担の明確さ），④不確実性回避（あいまいに対しての不寛容度）からなり，約 60 カ国のスコアが与えられている．日本は，権力格差や集団主義は中位で，男らしさと不確実性回避が著しく高い．この文化パターンはおもしろいことに，アジアの近隣の国よりもフランスやドイツと近い（圓川，2009b）．

ホフステードは，新技術（例：インターネット）出現でも国の文化の違いは収斂しない，そして経営理論・モデルの多くは，権力格差が小さく，不確実性回避の弱い文化のもとで成り立つ（すなわち米国）ものであり，そのまま文化の異なる国に持ち込んでも，うまく機能するはずがないことを，エビデンスをあげながら述べている．

4 つの次元の中でマネジメントのあり方に一番関係にするのが，不確実性回避である．“あいまいさやリスクを嫌う傾向”であり，コラム 5 で述べた“企業も消費者も目先のリスクには厳しい”ということは説明できそうであるが，“日常を超えたリスクには無頓着”や日本のものづくりの強みである組織的改善の生起は，説明できない．この不確実性回避が日本以上に高いのは，ギリシャやポルトガルであるからである（膨大な累積債務を抱えることは共通であるが）．

そこで，日本文化の特徴として「相対主義（絶対的宗教や思想に縛られない）で，技術主義（技術にはしる特質）」（たとえば，司馬，2006）とする司馬遼太郎の一連の著作等，多くの日本文化の研究や著作にあたった（これらをまとめたものは，圓川ら（2015）参照）．それらを完結すべき一番論理的要点をついていると考えられるのが，加藤周一（2007）の“今＝ここ”文化と思われる．

図 1.19 の右上に示すように，“今”と“ここ”は，時間軸上そして空間上の“部分”であり，日本文化はこの“部分”を重視する文化ということである．なお，図中の“うちと外との関係”の部分は，加藤の著作以外の関連した研究を列挙したものである．

“今”（現在）と“ここ”（組織内）を重視することから，将来や外の世界に対してのリスクマネジメントには無頓着になりがちであるが，いざ世界の大勢が変わるとそれに対する順応には著しく優れている（過去に縛られない大勢順応主義）．これは維新や大戦後の対応を見れば納得がいくだろう．ここからは IoT パラダイムが大勢を占めるようになれば，これまで述べた弱点を克服して世界にキャッチアップ，そして一歩前に出ることも期待される．

また“ここ”（組織集団内）を重視することから関心が内に向き，一方で組織間の同質的競争によりそれが組織的改善に向かう．加えて，“うち（ここ）と外”の関係から，外部に上位の文化があるという“相対劣位のメンタリティ”により，不

“今＝ここ”文化(加藤, 2007)**とビジネス・技術**

今：現在中心主義

・日本語に未来，過去(のみ)の助動詞がない，**過去・現在・未来に分割された時間軸上の出来事を位置づけがない** → **リスクマネジメントの脆弱性**(水に流す，明日は明日の風が吹く)
・脱信仰(神仏習合，寺請制度から)と結びつき17世紀から**文化の世俗化** → 技術主義，享楽主義，美的装飾主義 → マンガ，かわいい文化，**クールジャパンに**
・昨日の立場から今日の大勢に一貫性に固執しない．**大勢順応主義の貫徹と内面化**(便宜主義でなく本心から) → **超越的な価値に束縛されない**，「みなさんご一緒に」？

ここ：競争的集団主義，部分からの建て増し思想

・“ここ”はムラ，現在では**企業・組織等内の同質性重視，組織間そして組織内での同質的競争** → 古くは陸軍と海軍，現在では電機，自動車業界 → **組織的改善**
・うちと外では態度が大きく異なる．ムラ(うち)社会の成員の立場からは**大枠は所与．個人の注意は部分の改善に集中**するしかない → **改善，細部拘泥主義**
・外面的な形式主義の一方で**自己の内にある感情や表現に向かう「心」・主観主義**(日本の絵画や私小説) → **暗黙のルールやコミュニケーション，外とのコミュニケーションを促進する標準化が苦手(不必要？)**
・全体設計から部分ではなく，**部分からの建て増し思想，左右対称性(非相称性)の忌避，内部の細部を限りなく洗練**してゆく(典型，利休の侘び茶) → **仕上げの美学，擦り合わせ設計⇔モジュール設計，改善⇔全体最適の欠如**
・**「ここ」は伸縮し**，重層する→ **1950年の日本について，システムの境界は日本全体**(デミング, 1996)．

うちと外との関係

相対劣位のメンタリティ(内田, 2009)**：**「外部に上位文化がある」という信憑が「学び」の極意→無限遠点に目標を置き，いつでも未熟，未完成 → 不良0，故障0に向けた改善の生起

日本的な**執拗低音(バッソ・オスティナート)**(丸山, 2004)**：**最新の流行の文化を求め変化を好む一方で，頑健に生活様式や(無)宗教意識を変えない国民→可塑融通性(林, 1984)，溶解消化酵素(山本, 1983)

お客様第一：近江商人の三方よし，渋沢栄一の社会的責任，世界の3/7を占める200年企業

図 1.19　“今＝ここ”文化と関連の日本文化に関する研究の抜粋（下線は筆者による）

良0，故障0といった無限遠点に目標を置いた日本独自の改善が駆動される．また，製品全体よりも部分である部品に関心が向き改善に向かうことで，擦り合わせや仕上げの美学が発揮される一方で，全体からの最適化が弱いことにつながる．

また，外の文化を求め流行を好み輸入する一方，そのままでなく日本流にカスタマイズする可塑融通性，溶解消化酵素は日本の強みである．SQCを米国から学んでTQCに進化させ，その中で米国文化でうまく機能したドラッカーの目標管理から，報酬を抜き去りTQMの柱として方針管理したのが好例であり，ホフステードのいう国の文化との相性を実践したものである．

“うち（ここ）と外”の関係から，お客様第一やおもてなしは，古くからの日本文化に基づくものであり，その原点に戻れば，“共創”の時代の競争力として誇るべきものであろう．司馬遼太郎（1997）の著作『この国のかたち　四』に，「日本が国家目標を失った時，いつも江戸回帰という現象が起こる，おかしい，……お得意さん大事という精神，このリアリズムだけが，日本を世界に繋ぎ止める唯一の精神と思えてならない」という少し唐突な文章が出てくる．日本を活性化し日本文化の強みを発揮させる目標，それは“お得意さん大事”，すなわち“お客さん第一”という共創精神にほかならない．

組織的改善 3 T：TQM, TPM, TPS

本章では，現在のオペレーションズ・マネジメントの現場系でのパラダイムとして，図 1.5 で示した QCD それぞれの観点からの変動低減活動，すなわち改善アプローチである日本生まれの 3T，TQM，TPM，TPS について解説する．

2.1 TQM（全社的品質管理）

2.1.1 TQM とは

TQM（total quality management）とは，製品だけでなく業務の品質，質にかかわる変動から，後工程あるいは顧客を守り（保証），さらに継続的に変動を低減する，すなわち改善のための全社的，系統的取り組みにより，顧客満足の獲得をねらいとするものである．デミングらの指導によって，TQM のベースとなる SQC（統計的品質管理）が 1950 年頃わが国に伝わり普及してくると，それにより QC サークル等の全社的な仕組みが整備され，間接部門も含む全員参加の活動として，TQC（total quality control）が 1970 年頃に形成された．1990 年代後半に海外で TQM という名称で普及したことで，日本でも TQM と呼ぶことが定着してきた．

2.1.2 品質管理と品質保証

飯塚（2009）によれば，品質管理（quality control）における管理とは，「目的を達成するためのすべての活動」を意味する．テイラーの科学的管理法の管理（標準を守らせるための）が，統制であったことに比べるとはるかに前向きで範囲が広い．そして管理を行うには，PDCA サイクルを回すことが，効果的・効率的とされている．

図 1.18 の標準の上の部分の PDCA サイクルとは，製品だけでなく業務の品質についても，現在の標準に対して，さらによいやり方はないか，という plan（計画・仮説）を立て，do（実行・実施）し，その結果を check（チェック）することで P とのギャップを把握し，act（アクト・是正）する，そしてよい結果が得られれば，それを standardization（標準化）する．そのため PDCAS あるいは S をスタートラインにして SPDCA と呼ばれることもある．これを継続的に繰り返すことによって，常に製品や業務の品質の向上を図ろうというものである．いわゆる改善（Kaizen：continuous or incremental improvement）である．

なお，PDCA サイクルは，日本では管理のサークルとも呼ばれるが，その提唱者である SQC の基礎を築いた管理図で著名な W. A. シューハートの名前からシューハートサイクル（Shewhart cycle），あるいはその共同者である W. E. デミングの名をとったデミングホイール（Deming wheel）と呼ばれる．後年デミングは，PDCA の C が安易になることを戒めるために，C のかわりに S（study：学習）に置き換えた PDSA を提唱している（レポールら，2005）．またデミングサイクルは，管理のサークルと混同されがちであるが，設計→製造→販売→調査・サービスのサイクルを指す．

TQM の管理の体系について述べる前に，そのベースとなる「顧客または消費者の要求する品質が十分に満たされていることを保証するための活動」である品質保証（quality assurance：QA）について述べておこう．企業が提供する製品・サービスの QA のためには，企業の全部門がかかわってくる必要がある．そのために作成されるのが品質保証体系図である．新商品開発から販売，アフターサービスに至るまでの各ステップで，各部門がどのように品質保証業務にかかわってくるかをフローチャートとして示したものである．そこでは各ステップで用いられる関係する法規や社内規定や標準類がリストアップされる．たとえば，企画構想立案では，企画書作成基準に基づく企画書が作成され，同時に営業，企画，設計部門が参加し，顧客の要求だけでなく安全や法令遵守（compliance，コンプライアンス）の立場から企画案に潜在的問題はないか，というデザインレビュー（設計審査）が行われる．

図 1.15 に示したように，CS あるいは顧客価値をねらいとして，製品・サービスの供給者の立場からは，顧客の要求を想定して企業が仕様や設計値として決めた“ネライの品質”である設計品質（quality of design）が設定され，設計仕様に対する製造上のバラツキの度合であり“デキバエの品質”と呼ばれる適合（製造）品質（quality of conformance）がつくり込まれる．このような流れをマトリックス形式で最終的に QC 工程表と呼ばれる各工程の管理項目，管理方法を一覧にした表まで記述したものが，図 2.1 に示す品質機能展開（quality function deployment：QFD）である．

一番上の部分は特に品質表と呼ばれ，要求品質（行）とそれを実現するための品質特性（列）がリストアップされ，◎，○印で表示される両者の関連の度合を考慮して各品質特性の設計品質が決められる（たとえば，本体高さ寸法では，ねらい値と公差（tolerance），50±0.1）．その過程で，要求品質を実現するためのネック技術も洗い出される．図 2.1 では各品質特性について，同時に

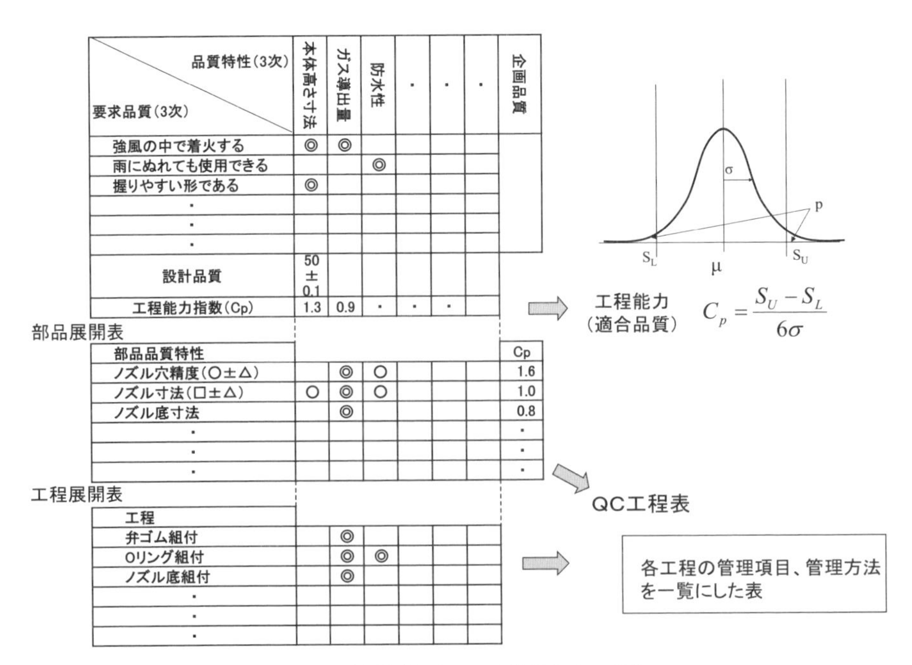

図 2.1　要求品質から QC 工程表までの QFD

予測される適合品質のレベルを表す工程能力指数（process capability index）C_pも記述されている．次に設計品質は部品の品質特性に展開され，さらに部品を加工する工程に展開される．これに基づき現場で使用される製造品質にかかわる管理項目や方法を記述したQC工程表が規定される．

ここで工程能力指数C_pとは，図中右上に示されているように，設計品質で指定される公差（$S_U - S_L$）（上限規格値と下限規格値の差）を，実際の品質特性のバラツキ（標準偏差σ）の6倍，6σで割った指標であり（片側規格の場合は，（規格値と平均の差）/3σ），高いほど望ましい．$C_p=1$で平均が規格の中央にあるとき不良率は約0.3%，通常1.33以上が望ましいとされる．さらにppm（100万分の1）オーダーの不良であれば1.5程度（平均と近い方の規格までが4.5σ，不良率3.4 ppmに対応）であることが求められる（コラム7参照）．

2.1.3 TQMの目標と行動指針・フレームワーク

TQMの対象とする品質の目標は，最終顧客の高い顧客満足（CS：customer satisfaction）を獲得できること，あるいは価値創造を実現できることである．それがどこで，どのように実現されるかを示した概念図が図2.2である．

製品の場合，高いCSや顧客価値創造につながる最終顧客と供給者側との主要タッチポイント（接点）は，提供する製品品質（性能，特徴，デザイン等），さらに使用期間の時間軸上で要求される機能を果たす性質である製品信頼性（reliability）である．同時に製品を購入する際の経験や，使用後のサービスに

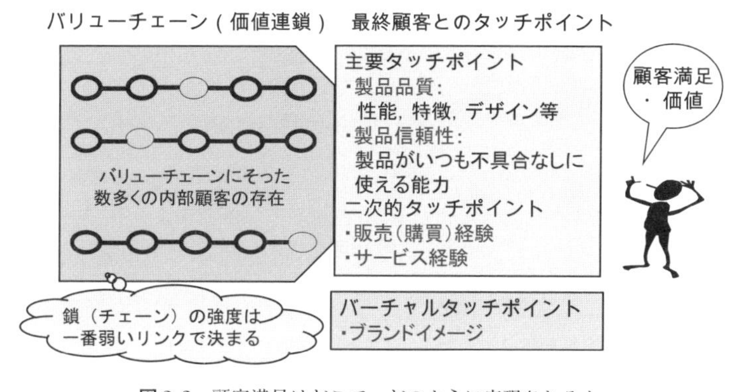

図2.2 顧客満足はどこで，どのように実現されるか

おける印象も重要な2次的なタッチポイントとなる（Denove et al., 2006）．加えて第6章で紹介するように，当該製品とは必ずしも直接は関係しない製品のブランドや企業のイメージも，CSや顧客価値に影響を与えることから，バーチャルタッチポイントとして掲げてある．なお，サービスの場合には，製品はその提供における道具として位置づけられることから，主要，二次が逆になると考えればよい．

それでは，これらのタッチポイントで提供される品質はどのようにつくり込まれるのであろうか．そこまでにはたとえば，製品品質の場合には，企画から設計，そして製造，配送といった背後に価値連鎖としてのバリューチェーンの存在があり，多くの組織や部門が関与する．したがって組織や部門には，バリューチェーンに沿って，"後工程はお客様"といわれるように，それぞれ後工程に相当する内部顧客が存在する．その内部顧客に対して最終顧客とのタッチポイントと同じような関係が要求されることになる．

チェーンである鎖の全体強度（品質）は，一番弱いリンクの強度（品質）で決まる．したがって，バリューチェーンに連なる個々の組織や部門が，最終顧客に向かってそれぞれの内部顧客に対する品質を，オーナーシップ（ownership），すなわち，主体的な責任感をもって最終顧客まで連ねることで，はじめて最終的に高いCSの実現や価値創造がなされる．これがTQMが全社的品質管理でなければならないゆえんである．

このような目標，考え方を実際に実行するには，どのような管理のあり方やフレームワークがTQMに求められるのであろうか．図2.3は，TQMの活動でこれまで培われてきた管理の原則あるいは行動指針の例と，典型的なフレームワークを示したものである．

図2.3のボックスの中に列挙した行動指針の最初にあるのが，図2.2で述べたCS向上や顧客創造に向けた"顧客志向（お客様第一）"であり，バリューチェーンの連なりをいった"後工程はお客様"である．これを各部門が自分の仕事をオーナーシップをもって行うことで，"全員参加"につながる．続いて，最終顧客に対する品質保証を効果的に行うために，1.4節で述べた日本の品質管理のスタート以来の特徴である"品質は工程で作り込め"であり，さらに効率化の究極の概念である原因を上流に遡って追求，対策をとる"源流管理"（do

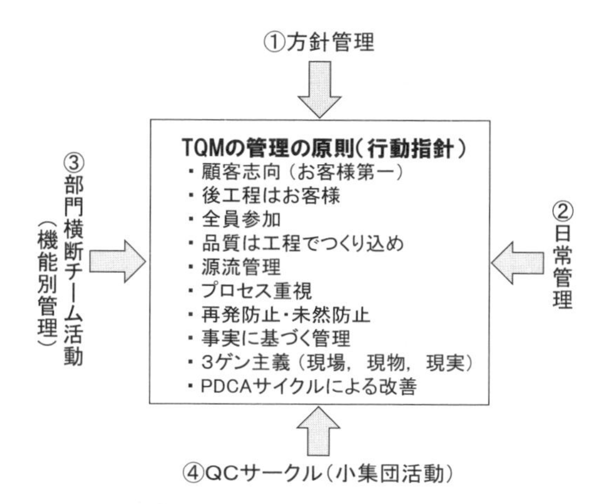

図 2.3 TQM の管理の原則（行動指針）とフレームワークの典型

it right at the source）の必要性である．

そして，それぞれの部門で起こった不具合の問題解決を進めていく上で，結果オーライではなく問題を発生させる“プロセス重視”により，因果関係を明らかにして原因側に手を打つことで“再発防止”につながる．さらに問題が発生する前に問題を発見し，それを“未然防止”につなげようというものである．

残り3つは，後述するSQCアプローチの基礎となるものである．まず“事実に基づく管理”（fact control）は，事実を徹底的に観察することで，何らかの問題解決に向けた仮説が生まれる．それを起点に“PDCAサイクルによる改善”が起動する．あるいは，問題解決のためにどのようなデータをとればよいかの判断を可能にするというものである．さらに“どのような事実か”という視点を与えてくれるのが，現場，現物，現実の観察をいう“3ゲン（現）主義”である．関連して“現場百回”という言葉もある．なお，3ゲン主義に，原理・原則や原点・顕在化等を付け加えた，5ゲン主義という言葉もある．

このような行動指針をベースに，TQMのフレームワークの典型としては，図2.3のボックスに向かう4つの矢印で示すように，トップダウン的な方針管理とボトムアップ的なQCサークル（QCC），そしてあらゆる業務における日常管理と重要テーマについて部門横断的なチームを形成して取り組む機能別管理，の4つの要素からなる．

①方針管理（policy management）：その企業のビジョン，中長期計画から年や期ごとに具体的なトップ方針がまず立案され，それに基づき役員，部長，課長へと役割に応じ具体性をもったそれぞれの方針へと展開され策定される．トップダウンといっても一方的に方針が決められるのではなく，上位の方針とキャッチボールしながら下位の方針が決められる．各部門では，決められた方針目標を具現化するための計画，実施，チェック，そして次の期の計画に反映するためのアクションの PDCA サイクルが回される．

②日常管理（daily management）：日々の行うべき業務を確実に遂行する管理であり，その基本は標準化にある．まずは仕事のやり方や手順の標準に対して，実施結果に問題があった場合，応急処置をとるだけでなく，さらにこうしたらよくなるのではないかという仮説を想い浮かべる．これを起点に PDCA サイクルを回し，標準自体を見直し，改善結果を新たな標準として設定し直すというサイクルが回される．

③機能別管理（cross-functional management）：クロスファンクショナル・マネジメントという呼称や CFT（cross-functional team）として，今や TQM の枠を超えて世界で広く知られているものである．機能別管理の機能は QCD 等の機能別テーマを指し，クロスファンクショナルの function は部門，職能を指している．すなわち，QCD にかかわる重要テーマについて，部門横断的にチームを編成し問題解決に当たるものであり，プロジェクト型の改善・革新活動である．たとえば 30% のコストダウンというチャレンジングなテーマが設定されたとすると，関係する設計，製造，生産技術，調達，営業等の社内の部門だけでなく，サプライヤーもそのメンバーに加えたプロジェクトチームが編成される．

④ QC サークル（QCC：quality control circle）：第一線のオペレータや間接部門の職場ごとに，小集団を編成し身近な改善テーマを掲げた活動である．1960 年代にはじまり，QC 七つ道具のような簡易手法を用いながら改善活動が進められる．テーマを完了すると，社内での QCC 大会で発表，それに優勝すると，地域内での大会に代表者として参加，それに勝ち残るとさらには全国レベルの大会へというように，一企業を超えた QCC 活動支援のための組織化がなされている．

QCCのねらいは，ただ改善テーマの解決による品質向上に加えて，改善を通しての企業経営への参画意識や達成感，そして多能工と同様なエンパワーメント感覚による動機付け要因として機能することがあげられる．QCCへの参加はボランティアが標榜されてきたが，近年の社会的な圧力から残業代を支払う職制活動の一環となりつつある．このQCCが生まれ普及することを契機に，全部門，そして全階層が品質改善活動にかかわるTQCが誕生した．

TQMの推進の仕方は企業ごとに異なる．たとえば，トヨタ自動車のグループではTQM推進室や経営企画室が全社的な推進を統括してきた．またTQMという言葉を標榜しなくても，方針管理やQCC，そしてCFTを導入している企業は，日本だけでなく世界でも多い．

一方，TQMの効果的な推進に対して企業に与えられる賞として，戦後わが国のSQCの普及やTQCの形成に貢献したW. E. デミングの名前を冠したデミング賞（Deming Prize）がある．このデミング賞挑戦をTQM推進の組織的インセンティブとして活用するのも一つの途であろう．

なお，1990年頃から世界的なデミング賞を含むわが国品質のベンチマークを通して，米国マルコム・ボルドリッジ賞（MBNQA：Malcolm Baldrige National Quality Award）に代表されるように，多くの国で国家品質賞が創設されている．

2.1.4　TQMを支える方法論

(1)　SQCと層別

TQMにおける改善や問題解決に主要な方法論が，SQC（statistical quality control：統計的品質管理）である．SQC自体はあくまで手法であり，変動，すなわちバラツキから可避原因（assignable cause）を発見し，それを取り除く処置をとることによって問題解決に結びつけるためには，図2.4に示す問題解決のサイクルを回すことが必要である．

3ゲン主義や事実に基づく管理の原則により，まず問題をよく観察することが出発点となる．そして問題の現実と背景にある理論，あるいは固有技術の知識から，“こうではないか？”という仮説が生成される．そこではじめて得るべくデータが決まり，それに基づいてデータを収集，SQCを通した解析によ

図 2.4 SQC による問題解決のサイクル

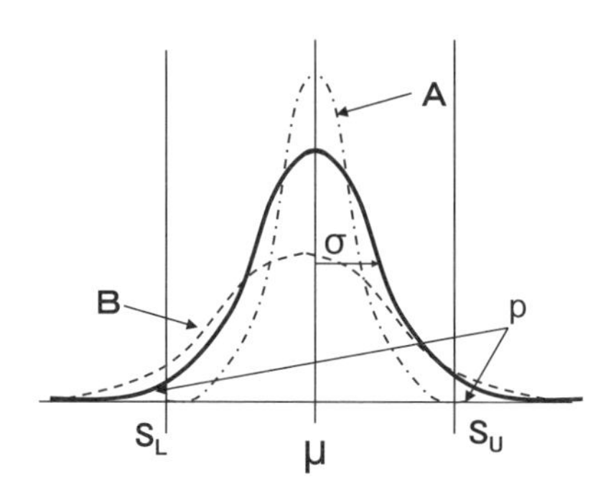

図 2.5 層別による可避原因の発見

り仮説の検証が行われる．しかし一度で仮説どおりの結果が得られることは稀である．もし，結果が仮説と異なるなら，そのギャップを考察し，今一度事実を観察し直して再び仮説生成に戻り，データで検証することを繰り返すことで，問題解決だけでなく，逆に想定外の新しい発見に結びつく可能性もある．

そのとき仮説生成や SQC による解析に関連して重要な役割を果たすのが，層別（stratification）という概念である．層別とは，データを原因解明に有効な属性や特徴によって分類することである．たとえば，ある品質特性についてバラツキの削減による品質向上を図ろうとする場面を考えよう．現状の品質特性が図 2.5 の実線で示すような分布に従うとしよう．あらかじめこの工程での加工に 2 種類の治具 A, B が用いられ，この治具に差があるのではないかという仮説があり，その情報に基づきデータを収集したものとしよう．図中，点線は層別したデータごとに分布（ヒストグラム）を描いたものであり，明らかに B の治具に問題あり，これがバラツキを増大させていた原因であることが推察される．そこで治具を A の条件に揃えることで可避原因を取り除くことができる．

このような可避原因としての候補を，層別因子と呼ぶ．SQCには，品質特性yとその大小を決めると思われる多くの製造条件等の変数との関係を分析する重回帰分析や，それを効率的な実験で探索・確認する実験計画法等の精緻な統計的手法も多く用いられるが，ようは，この可避原因発見につながる層別因子の探索，発見，分析をしていることにほかならない．

(2) QC七つ道具

SQCの簡易手法として知られ，QCサークル等の改善活動で広く使われているものとしてQC七つ道具（seven tools）がある．七つ道具とは，これを一組とすればだいたいの用が足りる道具を揃えたものである．改善を行う上で，問題の把握から解決まで次の手法を使い分け，層別という概念を組み合わせることで効果が発揮される．

①チェックシート（check sheet）：（不具合）現象の生起する頻度を記述するデータを得るために使われるものである．ここで重要なことは，あらかじめ仮説に相当する層別因子に相当する分類項目を用意しておくことである．図2.6の例では，溶接不良の現象について，機種（A, B），色（X, Y）による分類をした上での頻度のデータを収集するようになっている．

②特性要因図（cause and effect analysis）：問題となる特性について，原因と考えられる要因を関係者によるブレーンストーミングにより列挙し，魚の骨の形で整理したものである．人（man），原材料（material），設備（machine），方法（method）の4M（測定（measurement）を加える場合がある）条件等を大骨として整理し，仮説を引き出すのに役立つ．図2.6の例は，4Mのうち原材料（塗料），方法（吹付条件，ロット，外部環境）が大骨となっている．

③パレート図（Pareto diagram）：不具合現象や欠点等をその頻度や個数の大きいものから横軸に左から右にとり（その他は一番右におく），縦軸に頻度（個数）およびその累積割合をプロットした図である．図2.6のチェックシートから機種のAとBに層別したパレート図を描けば，流れ不良についてはAに集中していることが一目瞭然となる．在庫管理のABC分析に相当し，重点項目の絞り込みに使われる．

④グラフ（graphs）：現象の特徴や比較を視覚的に理解するために一般に多

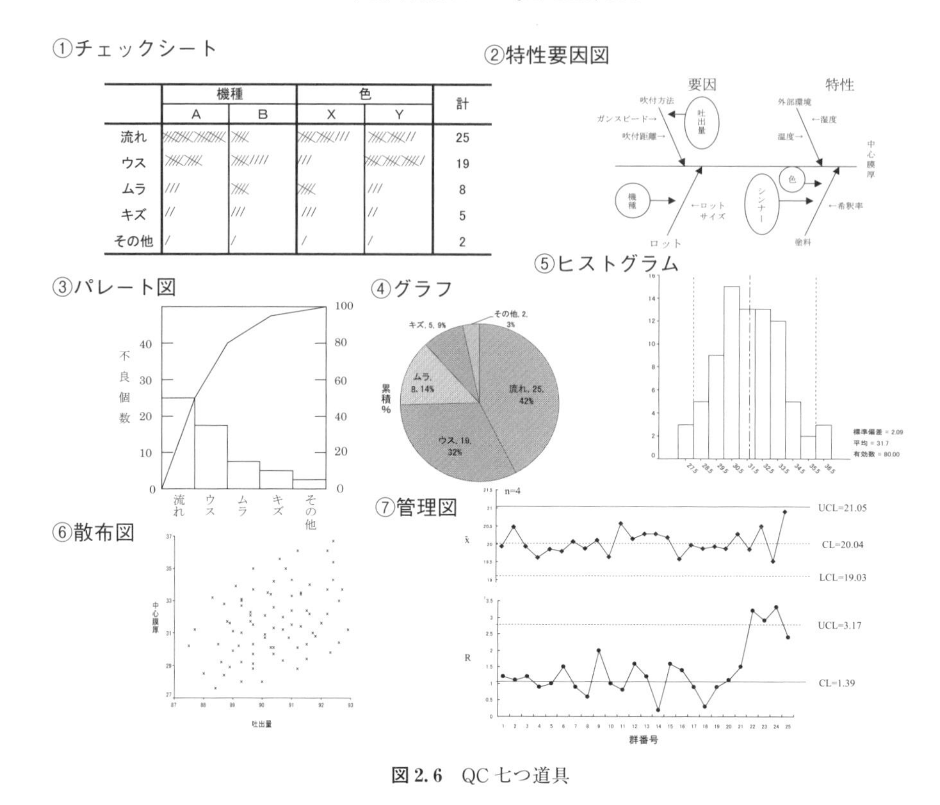

図 2.6　QC 七つ道具

く使用されるものである．図 2.6 に示す円グラフとして知られるパイチャートや，レーダーチャート（くもの巣チャート）等がある．

⑤ヒストグラム（histogram）：母集団（工程）からサンプルをとり，横軸にその特性値の区間，縦軸にその区間に属する度数を描いた度数分布表である．この分布の中心位置，バラツキの大きさ，形状（ヒズミ，トガリ）から，層別の必要性も見いだすことができる．

⑥散布図（scatter diagram）：2 つの組の変数を縦軸，横軸にとりサンプルの両者の測定値をプロットしたもので，変数間の相関関係を見いだすのに用いられる．

⑦管理図（control chart）：品質特性等，管理対象の状態を示す統計量（平均，範囲，不良個数，欠点数）を時系列的にプロットし，統計的に定められる限界線との比較や点の並び方のクセから，異常等を検出し，そこから可避原因を探

り品質向上を図る手法である．

図 2.6 に示す $\bar{x}$-R 管理図はシューハート管理図とも呼ばれ，SQC の原点となる手法である．工程からのサンプルの品質特性値から，その平均 $\bar{x}$ と範囲 R（サンプル中の最大値と最小値の差）のペアの統計量が上下に揃えてプロットされる．異常を判定する管理限界線は，それぞれの統計量の標準偏差（シグマ）の 3 倍に設定される（3 シグマの原則）．これは工程に異常がないとき，管理限界線から点が外れる誤り（第 1 種の誤り）は 0.3％ しかないことに対応し（千三つの原則），点が限界線から出た場合，異常が起きたことはほぼ間違いがないことから，原因を探しアクションを取ることを義務付けることにつながる．

(3) 設計品質のつくり込みのための実験計画法

品質改善や設計品質のつくり込みに用いられるのが実験計画法（DOE：design of experiments）である．品質特性に影響すると考えられる複数の要因・条件を取り上げ，その効果（effect）を実験回数・時間等の制約のもとで効率的に推定し，最もよい条件を探すための手法である．その中で実験回数を減らすことのできる有用な方法が直交表（orthogonal table）を用いた実験である．簡単な例を紹介しよう．

図 2.7 の左は L_8 と呼ばれる 8 回の実験で，2 水準の 7 つまでの要因の効果が調べられる．今，値が大きいほど望ましい品質特性に影響を与えると思われる 5 つの要因 A, B, C, D, E があり，要因ごとに各 2 水準の条件を設定した実験を考えよう．5 つの要因すべての組み合わせを実験する要因配置型実験

No.	列 1	2	3	4	5	6	7	データ
1	1	1	1	1	1	1	1	6
2	1	1	1	2	2	2	2	9
3	1	2	2	1	1	2	2	7
4	1	2	2	2	2	1	1	4
5	2	1	2	1	2	1	2	5
6	2	1	2	2	1	2	1	0
7	2	2	1	1	2	2	1	5
8	2	2	1	2	1	1	2	4
割付	A	B		C		D	E	

列	1	2	3	4	5	6	7
水準1の和	26	20	24	23	17	19	15
水準2の和	14	20	16	17	23	21	25
差	12	0	8	6	−6	−2	−10

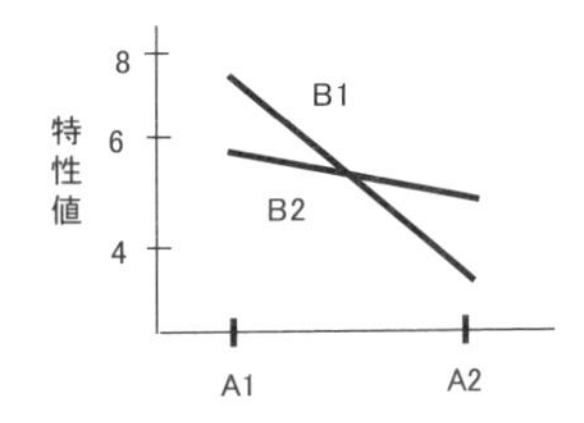

図 2.7 直交表を用いた実験計画とその例題

（factorial design）では $2^5=32$ 回の実験が必要なところを，L_8 直交表を用いると 8 回で済ませることができる．各要因は 7 つの列の任意の列の一つに割り付けられ，要因 A を第 1 列といったように図に示したように割り付けたとする．

割付が完了すると次に実験に移る．計 8 回の実験条件は，割り付けた要因の列の水準に対応して，たとえば実験 No. 5 は $A_2B_1C_1D_1E_2$ と決められる．そして No. 1 から No. 8 までの実験をランダムな順序で行った結果が，直交表の右欄に示したデータである．そしてその右の表は，各列の水準 1 と 2 に対応するそれぞれのデータの和と，その差を計算したものである．この差が大きいほどその列に対応する要因の効果が大きいことを示す．この場合 A が一番大きく A_1 が望ましく，次に E で E_2 が望ましいということになる．

全体として，最適な水準の組み合わせとしては，それぞれ大きな値をとる水準をとり，$A_1B_1C_1D_2E_2$ となる．ここで要因 B については，右の表の差の値が 0 で B_1 でも B_2 でも差がないことから必要ないと思われるかもしれないが，A との組み合わせで考えた効果の平均を図示すると，図右下のようになり，B_1 と B_2 では同じ A_1 でも，B_1 の方が効果は大きくなる．このような組み合わせの効果は，A×B 交互作用（interaction effect）と呼ばれる．

このような交互作用が想定される場合には，直交表の割り付ける際に注意が必要である．たとえば，A と B を割り付けた 1 列および 2 列の水準の組み合わせで，(1, 1)→1，(1, 2)→2，(2, 1)→2，(2, 2)→1 となっている列に交互作用の効果があらわれるからである．この場合は第 3 列であり，あらかじめ空けてあったのはこの理由のためである．また図右の表における第 3 列における列の和の差 8 は，A×B 交互作用の効果であったのである．

なお，統計的な意味での要因効果に有意性を判断するためには，分散分析（ANOVA：analysis of variance）と呼ばれる方法が用いられる．また 2 水準系の直交表には，要因の数 15 まで割り付けられる L_{16} 等がある．また各要因の水準が 3 の場合に使われる L_9，L_{27} があり，それぞれ実験回数が 9 回，27 回，割り付けられる要因数が最大 4 個，13 個である．

(4) 品質工学とパラメータ設計

SQC に並んで品質のつくり込みで広く用いられる方法論として品質工学，あるいはこれを考案した田口玄一博士の名前を取り，タグチメソッドとも呼ば

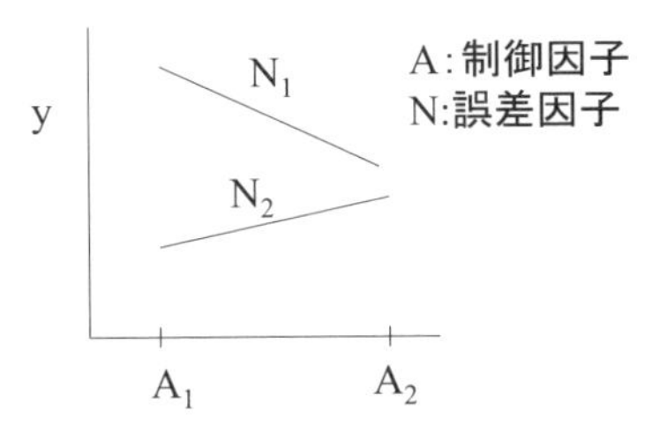

図 2.8 パラメータ設計の考え方

れる手法がある．その中でも源流管理のツールとして有効なパラメータ設計の考え方を簡単に紹介しておこう．パラメータ設計とは，設計開発時に，ユーザーの使用条件における外乱（ノイズ）や劣化をあらかじめ想定し，それを誤差因子として取り上げ，そのような誤差因子の変動に対しても頑健な制御因子の最適設計パラメータ値を決める方法である．頑健性設計（robustness design）とも呼ばれる．

たとえば，ある制御因子 A の 2 水準があり，誤差因子 N として使用条件のバラツキの状況として N_1 と N_2 という 2 つの状況を取り上げたとする．そのとき図 2.8 に図示するような特性値 y が得られたとすれば，A_2 では N_1 と N_2 でほとんど y に差がないことから，誤差因子に対してより頑健な水準（パラメータ値）といえる．このようにパラメータ設計は，制御因子と誤差因子の間の交互作用をうまく活用した方法であるといえる．

実際には，図 2.7 に示すような直交表に制御因子を割り付け，各実験条件において外側配置と呼ばれる誤差因子の各条件（たとえば N_1 と N_2）のデータを得る実験が行われる．そこから，各実験条件における頑健性の尺度として SN 比と呼ばれる値が計算される．目標値に近いほど望ましい望目特性の場合，平均と標準偏差の推定値 $\hat{\mu}$, $\hat{\sigma}$ から $\eta=\hat{\mu}^2/\hat{\sigma}^2$（あるいはさらに log をとり 10 倍したもの）で定義される．図 2.7 のデータに対応するすべての実験条件で SN 比を求め，これを最大にする制御因子の水準が選択される．一方，特性値を目標値に近づけるためには，別の制御因子の条件を用いて調整される（詳しくは宮川（2000）参照）．

なお，最近では実際の実験は，誤差因子も組み込んだ CAE（computer aided engineering）によるシミュレーションで代替し，数多くのパラメータの中から最適化手法を用いて最適パラメータ値を求めることが行われている.

(5) 信頼性設計

品質を時間軸で考えた場合の重要概念が信頼性（reliability）である. 信頼性とは,“アイテムが与えられた条件で, 規定の期間中, 要求された機能を果たす性質”と定義され, 使用中の品質ともいうべきものである. 信頼性を考える場合, 耐久性, 保全性, 設計信頼性の3つの要素が重要であるが, ここでは設計信頼性について, 簡単に説明しておこう.

設計信頼性とは, 故障や誤動作が起こってもシステム全体としての安全性に重大な影響を与えないような製品やシステム設計をいう. 一つは, 航空機のように一つのエンジンが停止しても残りのエンジンで十分使命が果たせる冗長設計等のフェイルセイフ（fail safe：安全設計）である. そして今一つが, 色, 形状, 音等を工夫してなるべくミスをさせない, たとえミスしても自動的に止める装置を工夫するというバカヨケ（ポカヨケ）と呼ばれるフールプルーフ（fool proof）の考え方である.

一方, 設計開発時に, 製品等の寿命を推定するために用いられるのが寿命試験である. 寿命試験は, 信頼度が高くなるほど長時間の試験が必要となる. 加えて寿命試験は破壊試験であることから, そのための数やコストが制約となる. このような問題を克服するために, 1.4 節で述べたDR等の安全性や信頼性を高める組織的活動や, FMEA等の信頼性確保のための手法の活用が重要となってくる.

部門横断的に関係者が参加するDRでは, 特に3H（変化, 初めて, 久しぶり）に該当する箇所や状況について潜在的問題点を摘出することが重要になる.

またFMEAは, 開発設計段階, 工程設計段階で, まず製品（設備）を部品等に分解した上で, 部品ごとに潜在的な故障モード（焼損, 腐食, 詰まり, 破損等, 製品にかかわらず共通的）が列挙される. そして, 故障原因, 発生頻度, そして発生した場合のサブシステムや製品全体への影響度（クリティカル度）等が評価される. その上でクリティカル度（発生頻度×影響度×検出難度）に応じて対策をとることによって, 製品（設備）の完成度, 安全性, 信頼性を高める方法である.

コラム7 6シグマとQMS

第1章で述べた“リーン＆6シグマ”の6シグマである．日本のTQCをベンチマーキングとして米国流にカスタマイズしたものであり，1980年代にモトローラ社ではじまる．2.1.2項で述べた不良率がppmオーダーである高品質の条件，平均と近い方の規格との距離が4.5σに，さらに平均そのもののバラツキ1.5σを加えた6σを目指すことが，そのネーミングの由来とされる（永田ら，2011）．現在のパッケージはGE社のものを基本とし，顧客にとっての問題点からスタートし，トップダウン的に決められる改善テーマに対して，徹底したプロジェクト方式がとられるのが特徴である．

改善プロジェクトの中核を担うのが，ブラックベルトという呼称，資格をもつ専任者である．これに日常業務の組織に属しながら必要に応じて，グリーンベルトと呼ばれる人々がプロジェクトに参画する．また活動のステップとして，TQMのPDCAサイクルに対応したdefine（定義）→measure（測定）→analyze（分析）→improve（改善）→control（管理）の頭文字をとったDMAICが用いられる．

プロジェクトの問題解決・分析に統計パッケージが徹底活用され，ブラックベルト等の資格制度ともリンクして，その活用のための教育が組織化されている．また，わが国のTQMとは異なり，6シグマの活動への関与や成果と人事考課とを直結させているのも特徴である．

一方，品質マネジメントシステム（QMS：quality management system）と呼ばれる国際規格にISO 9000ファミリー規格がある．組織が品質に関する方針・目標を定め，それを達成するためのマネジメントのしくみを規定したものである．要求事項として，方針・目標の策定，製品実現のプロセス，継続的改善の実施等があり，その基本は文書化である．さらに第三者による認証制度（certification system）があり，認証団体が当該組織のISO 9001に基づくQMSを審査することにより，認証が取得される．

この世界共通の認証制度により，グローバルな取引の中で品質に関する要求事項に対する認識が共通化されることを企図したものである．しかしながら，文書化を中心とするシステムの認証であり，成果としての製品やサービスの質を保証するものではない．日本でも多くの組織がISO 9001の認証を取得しているが，取得とその後の定期的なサーベ（イ）ランスによる継続に留まっている限り，仕事のやり方やノウハウが暗黙知化しがちな組織風土の打破に役立っても，実際の品質向上やそれに伴う経営成果に結びつかない．

なお，同様な環境に関する国際規格と認証制度に，環境マネジメントシステム（EMS：environment management system）ISO 14000シリーズがある．

2.2 TPM（トータル・プロダクティブ・メインテナンス）

2.2.1 TPM の概要

TPM（total productive maintenance）は，設備保全，特に PM（preventive maintenance：予防保全）活動からはじまり，その後事業場全体の取り組みとして体系化され，1971 年に TPM というネーミングがわが国で誕生する．以来 40 年以上余り組織的改善活動として，わが国のみならず全世界のロス削減による生産性向上に寄与してきた．日本プラントメンテナンス協会が推進してきた賞制度である TPM 優秀賞の受賞事業場は，全世界に広がっている．

TPM の本質は，設備から生産システム全体にわたる生産効率の阻害要因を除く活動にあり，その基本は，

①原理・原則に基づくあるべき姿と現状との比較からのロスの顕在化

②摘出されたロスを排除するための改善努力

③それを組織，個人で行うためのしかけと人材育成

にある．しかもこれを効率的に遂行するためのステップ展開（たとえば，自主保全の 7 ステップ）や推進ガイド（たとえば TPM 展開の 8 本柱）がうまく整備され，短期に経営成果に結びつけることができることで知られてきた（たとえば，中嶋（1992））．

一方，バブル崩壊後，ものづくり全体がそれまでの成長拡大基調から低・マイナス成長に転ずると，生産効率の阻害要因の除去だけでは経営成果に結びつかず，経営上の利益まで遡り，その阻害要因の除去まで活動の視野に入れることが求められるようになっている．

2.2.2 TPM の基本となるしくみとロス概念

TPM 活動では，以下に示すような TQM と異なる活動の仕方や仕掛けが体系化されている．

(1) 活動の柱：8 本柱（eight pillars）

活動のフェーズや事業特性により，活動の柱の内容は変化していくが，典型的な基本形は，以下に示す 8 本柱を掲げて展開される．

図 2.9 5S とその英語版

①自主保全（autonomous maintenance）：設備を使用するオペレータ自身が，清掃，給油，増締め，点検等の保全活動と，ロスを排除するための改善活動を行うことによって，設備に強い人づくりをする活動である．設備ごとにPMサークルと呼ばれる小集団が組織化される．5S にはじまり，後述する自主保全の 7 ステップ展開が知られている．

5S については，これまで何度も出てきたが，“整理”はまず不要なものを捨てることであり，“整頓”は必要なものをすぐに取り出せること，そして最後の“躾”は，1 から 4 までが実際の行動として習慣化することを意味する．海外に浸透するにつれ，5 つのステップの内容はそのまま日本語でも通用することが多いが，また図 2.9 に示すように，日本語に対応した S を頭文字とする英語を用いる例が多い．

なお，「躾」という字は，中国にはない日本文化を凝縮した国字であり，図 2.9 では standing としたが，英語訳でも表現が難しい用語である．

②個別改善（focused improvement）：あるべき姿から定義される設備の 6 大ロス削減や（図 2.10 参照），最近では利益を阻害しているロス等，事業場の特性に応じた重大なロスをターゲットに，多くの場合そのロスを金額換算した上で，ロスを排除，改善する活動である．テーマ別に CFT に基づくプロジェクトが編成される．

③計画保全（planned maintenance）：専門保全部門の TPM 活動であり，故障してから修復保全を行う BM（事後保全：breakdown maintenance）から，設備ごとに期間を定め，定期的に保全を行う PM（予防保全：preventive maintenance)，そして一度故障した設備について再発防止のための設備の改善を行うCM（改良保全：corrective maintenance)，さらに温度や振動等の故障の予兆となる現象をモニターすることで未然に故障を防ぐPM（予知保全：predictive maintenance）への移行・進化が推奨される．それが保全費削減だけでなく，後述するOEE向上やリードタイム短縮につながる．なお，予知保全は，TBM（時間基準保全：time based maintenance）に対して，CBM（状態基準保全：condition based maintenance）と呼ばれる．

④品質保全（quality maintenance)：不良を出すもとである設備劣化の復元からはじまり，不良の出ない条件設定をし，その条件を維持管理することによって不良をゼロにする活動であり，後述する8の字展開等の方法が知られている．

⑤初期管理（initial phase management)：設備，製品の源流管理である．設備では，“使いやすく故障しない設備”をつくり込むために，保全記録等のTPM活動を通して収集されるMP（maintenance prevention）情報を収集し，それを設備設計に反映するMP設計が活動の核となる．

⑥管理・間接効率化（office kaizen)：管理間接部門の活動であり，自部門のロス（事務ロス）の削減・改善と，生産計画や決算等の現業部門を支援するプロセスやシステムで発生するロス（業務ロス）の削減・改善する活動からなる．最近，海外の先進企業では，この柱をSCM（supply chain management）とする場合が多い．さらに生産部門のTPM活動を売上や利益増に結びつけるために，営業やマーケティングを柱として加える例も多い．

⑦教育訓練（training & education)：TPM活動や業務のレベルアップのための人材育成やモラール向上を図る活動であり，後述する総点検教育や保全道場によるスキルアップ，機械保全技能士等の資格取得，多能工の育成等が活動の中に含まれる．

⑧安全衛生環境（safety, health & environment)：災害を未然に防ぐ活動であり，危険予知活動やヒヤリハットの経験から本質安全化を図るために様々なポカヨケ対策や安全教育がなされる．最近ではこれに環境問題を含めて3R(再利用，削減，リサイクル）の実践，対策が組み入れられている．

これらの柱ごとに定量化された目標を掲げて，部門横断的な8本柱の専門部会と，重複小集団と呼ばれるトップからオペレータまで事業場全員をカバーする階層別グループ職制が構成され，目標達成のための活動が駆動される．

(2) 設備の6大ロスとOEE

これまでロスという言葉が何度も出てきたように，TPMの生産効率の極限を追求するという立場からは，あるべき姿と現状の乖離をロスと定義し，それを金額換算することによって経営成果の立場からの改善目標とすることが行われる．図2.10にその中の設備に関する6大ロスの定義の概念図と，これを反映したTPMにおける重要な指標である設備総合効率（OEE：overall equipment efficiency）の考え方を示す．

設備におけるロスとは，負荷時間に対して価値を生んでいない時間すべてを指す．その内訳は，停止ロス，性能ロス，不良ロスの大きく3つに分けられる．停止ロスは，①（突発）故障，②段取・調整，③刃具交換といった実際に停まっている時間である．性能ロスとは，動いていても，たとえば搬送中のワークの引っ掛かり等，間歇的に起こるがすぐに修復する④チョコ停（minor stoppage），品質を維持するために本来のスピードを落として稼働する⑤速度低下からなる．チョコ停は故障に比べて停止時間は短くても修復に人の介在を必要とすることから，自動化の阻害要因となる．そして最後の⑥不良ロスは，不良品を生産した時間や手直しに要した時間である．これら6大ロスの個々の定義は，業種・業態に応じて多少異なる場合もある．

通常，設備稼動率（availability）というと，負荷時間に対して停止ロス，中でも故障ロスを引いた割合を指すことが多い．突発故障の起きる平均時間間隔MTBF（mean time between failure），そして停止ロスに相当するその修復に要する平均修復時間MTTR（mean time to repair）から，設備稼動率は$A=$ MTBF/(MTBF＋MTTR）で与えられる．

これに対してOEEは，負荷時間に対して，真に価値を生んでいる時間，価値稼動時間の割合（%）をいう．図2.10に示すように，OEEは時間稼動率，性能稼働率，価値稼動率の積でも表現できる．

負荷時間が1,000時間の設備があり，MTBF＝100時間，MTTR＝2時間であるとする．そのときのAは，100/(100＋2)＝0.98，すなわち98%と十分高いように見える．しかしながら，品種替えの段取時間が45分/回で，負荷時間中400回の段取替えがあったとしよう．また頻発するチョコ停は4,080回起こ

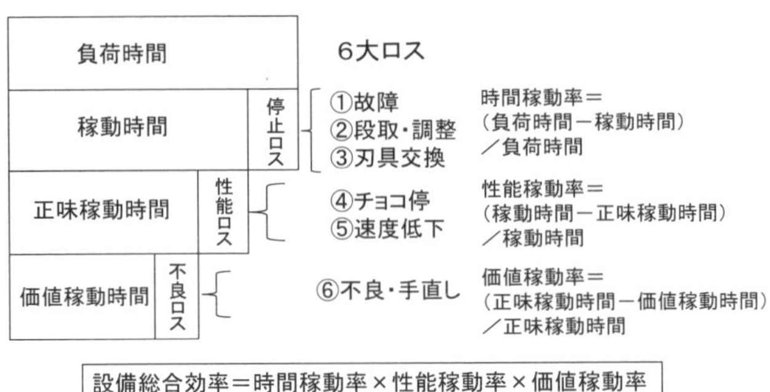

図 2.10　設備の 6 大ロスと設備総合効率の計算法

り，その修復は平均 20 秒で，不良率は 5% であったする．

故障ロスは，負荷時間に 1,000 時間の（100－98）＝2%，すなわち 20 時間，これに段取ロス 400×45/60＝300 時間を加えた 320 時間が停止ロスとなる．これを負荷時間から引いた 680 時間が稼動時間となる．次に性能ロスは 4,080×20 秒，すなわち 23 時間であり，正味稼動時間は 657 時間となる．この時間の中で良品を加工した時間は不良率 5% であり，不良ロスは 657×0.05＝33 時間となり，価値稼働時間は 624 時間が得られる．

以上から，価値稼働時間を負荷時間で割った OEE は，624/1,000 で 0.624，62.4% と，通常いわれる設備稼働率 98% と比べて大幅に低い．ちなみに時間稼動率＝(1,000－320)/1,000＝0.68，性能稼動率＝(680－23)/680＝0.966，そして価値稼動率は 0.95 であることから，0.68×0.966×0.95＝0.624 と同じ値となる．

このように見かけ上，高い稼働率に見えても，真に価値を生んでいる時間である OEE に換算すると 50% あるいは 40% 以下であることが多く，TPM ではこれを 85% 以上にするというような改善目標が設定されてきた．この場合，段取ロスが 300 時間で，全ロス 376 時間の 80% を占めることから，段取時間の削減が最大の改善目標となる．

もしこの設備が手不足状態にあるとき，価値を生んでいない時間の割合である 37.6% は機会損失（opportunity loss）（ある状況で適切に対応していれば得られていた利益）となる．たとえば，この設備で生産する部品の 1 個当たり加工時間が1.5分で，単価は100円でその中の変動費は40円としよう．この部品の需要は十分あるとすると，次章TOCでいうスループット（貢献利益）に相当する機会損失は，1個当たり単価から変動費を引いた60円である．1時間当たり60/1.5=40個生産できることから，

$$1{,}000\text{時間}\times0.376\times40\text{個/時間}\times60\text{円/個}=902{,}400\text{円}$$

すなわち，約90万円の機会損失が生まれていることになる．

一般に，TPMにおけるロスには，状況に依存した機会損失が含まれることに注意を要する．たとえば，設備の状況が，作るだけ売れる手不足から，過剰に作っても売れない手余り状況になると，これらのロスを削減しても機会損失の回復にならず，設備の遊休時間を増やすだけである．このあたりの実際の利益にどのように結びつくかの視点が要求される．

これまで述べた設備のロスに加えて，人のロスやマネジメントのロスを加えた，たとえば15大ロス（設備の6大ロスに加えて，作業，在庫，外注・材料，管理，設計，物流，エネルギー，クレーム・返品，納期）というように，事業場の特徴を反映したロス概念とその金額換算によって，個別改善を中心とするロス削減活動が展開されることが多い．それぞれのBM（基準年）の指標値と，3年後の目標値と，その差を金額換算してロス削減金額目標が掲げられる．ロスの金額換算には，ロスコストツリーと呼ばれるロスとコスト費目との関係を示したマトリックスを用いて，それぞれのロス指標から金額への変換がなされる．

そして，最近特に海外では，経営目標である1.5節(3)で紹介したEBIDTや，次章で述べるスループットを目標として，そこに派生するロスを掲げて展開する例も特にグローバル企業で見られる．そのときには，シェア・量拡大や売価といった営業やマーケティングにかかわる機会損失がかかわってくる．いずれにしても，せっかくロスを定義しそれを削減しても，実際の利益増やコスト削減につながらなければ，経営上の効果にはつながらない．その点一般に日本に比べて海外の方がうまくやられているようである．

(3) 自主保全の7ステップ

自主保全では，次の7ステップによる展開が定型化されている．

①初期清掃（initial cleaning）

②発生源・困難箇所対策（countermeasures for the causes and effects of dirt and dust）

③仮基準作成（cleaning and lubricating standards）

④総点検（general inspection），

⑤自主点検（autonomous inspection）

⑥標準化（standardization）

⑦自主管理の徹底（full autonomous inspection）

この中で実践の核となる基本は，次のような第4ステップまでである．

まず，①では，設備や機械を分解し清掃することで，様々な不具合の発生源や欠陥，劣化が顕在化される．②でそれらの箇所にはエフと呼ばれる紙片が張られ，復元や改善を行うことでそのエフが取られる（エフ付けエフ取り活動）．そして，③では点検や維持を容易にする仮基準の設定や，様々な目で見る管理やポカヨケのための“からくり”が考案される．簡単なものでは，図2.11に示すようなボルトの緩みが一目でわかる合いマーク，設備の中の状況がわかるカバーの透明化，配線や配管の種別がわかるような色管理と中を流れる物質の流れの方向指示表示，設備の発熱を検知するサーモラベル，そして定置定点を

合いマーク

色管理

サーモラベル

定置定点

図2.11 TPMにおける目で見る管理の例

徹底して欠品が一目でわかる工具・備品の姿置き等である．

このような過程で，改善された清掃・点検方法等の一つ一つの事例を，ワンポイントレッスンと呼ばれる1枚のシートにまとめ，それを掲示することで職場全体にその知識を伝達するという教育方法がとられる．そして，④の総点検では，設備の構造，機能を原理・原則の立場から学び，潜在化していた欠陥を顕在化してあるべき姿に復元･改善する力が養われる．機械要素，潤滑，空圧，油圧，電気，駆動，設備安全，加工条件等の項目についてオペレータの教育が行われ，これにより設備だけでなく品質にも大きな改善効果が得られる．

これまで述べてきたのは生産部門を中心にした取り組みの基本形であり，間接部門や営業部門では，それぞれの仕事にあった自主保全のステップや，ロスの定義による改善活動が展開される．

2.2.3 TPM の手法

TPM における設備のロス低減や劣化の復元のための手法の基本的な考え方は，加工原理等の物理的な原理・原則の適用であり，TQM における SQC に代表されるデータから要因を解析するアプローチと対照をなす．すなわち SQC が帰納的アプローチであるのに対して，原理原則を学びそれを天下り的に適用する演繹的アプローチであるといえる．その代表例として PM (phenomena mechanism) 分析がある．

PM 分析とは,「慢性化した不具合現象を，原理・原則にしたがって物理的に解析し，不具合現象のメカニズムを明らかにし，理屈でそれらに影響すると考えられる要因を設備の機構上，人，材料および方法の面からすべてリストアップするための考え方」であり，もともと SQC 的な従来の要因解析法の弱点を解決するために考え出されたものとされる．現象の状態と演繹的に引き出される“あるべき姿”を比較することでギャップを見つけ，それによりたとえ微欠陥であってもそれを欠陥として浮かび上がらせることが可能となり，慢性ロスの撲滅による設備の復元，改善がなされる．

PM 分析の例と考え方を図 2.12 に示す．現象からその現象を発生させるメカニズムに基づき，成立させる条件を列挙する．そして 2.1.4 項で述べた 4 M 条件との関連からの表現に落とし込み，それと実際の状況を調査することで，

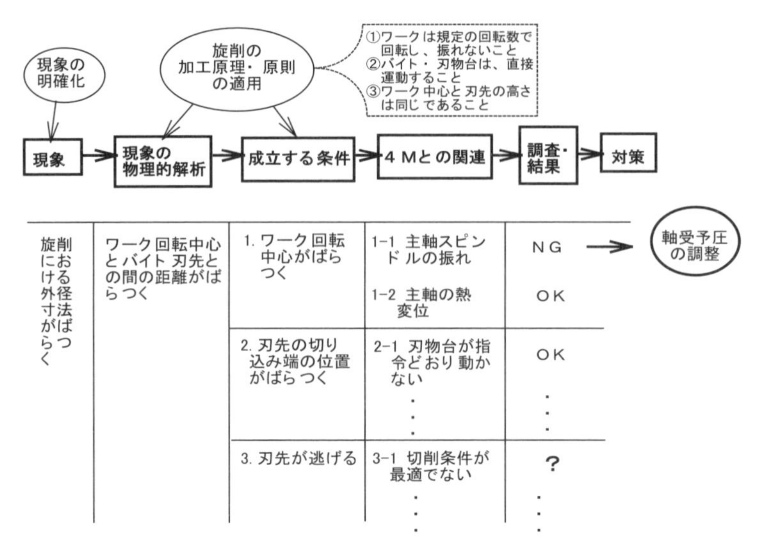

図 2. 12　PM 分析とその問題解決プロセス

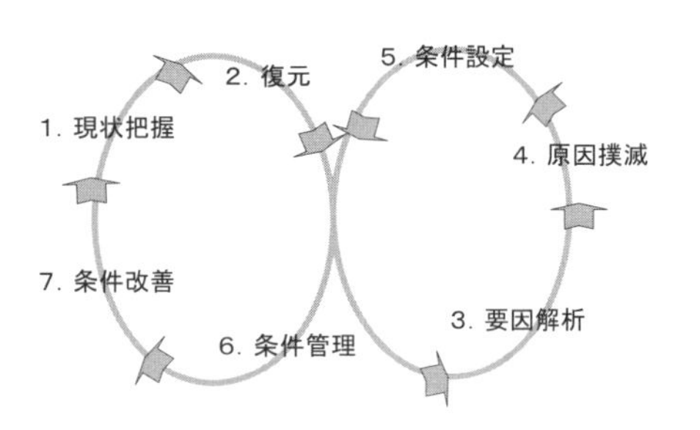

図 2. 13　品質保全における 8 の字展開

NG 項目（正しい条件になっていない項目）を探し出すことによって原因の追求とその撲滅対策がとられる．このように PM 分析を実施するためには，加工原理等の理論が不可欠である．自主保全の総点検での加工原理の教育が重要になってくるゆえんである．また実際には PM 分析を簡略化した“なぜ”を繰り返すなぜなぜ分析等が用いられることが多い．

次に TQM との関連が大きい品質保全については，図 2. 13 に示す現状把握から復元，不良を出さない条件設定，そして条件管理等の 7 つのステップを類型化した 8 の字展開と呼ばれる手順が用いられる．その過程では，どのような不良がどの工程で発生するかを調査し，それらの不良が，どの工程の設備や方法・条件が崩れると発生するのかの関係を示したQAマトリックスが作成される．同時に不良モードごとにPM分析等を用いたゼロ事例（不良ゼロ）を増やすという原因撲滅活動が展開される．

これらの活動を通して不良を出さない新たな良品条件の設定が行われる．品質特性ごとに，良品条件を維持する4Mの点検項目の内容を設定しまとめて示したものは，QMマトリックスと呼ばれる．その中で点検項目の内容で基準値を外れると必ず不良につながる設備部位はQコンポーネントと呼ばれる．当該部位にQコンポーネントであることが一目でわかるような表示と，点検箇所，基準値，点検周期を示したラベルが貼られる．これにより条件管理を徹底させせようというものである．

以上のような展開の中で，条件設定や条件改善のステップで，場合によっては実験計画法や品質工学などのSQCの方法論も用いられる．設備の劣化，方法や条件の復元がなされた後，すなわち余分な誤差要因を除去した後，これらの精緻な方法論が適用されることで，効率的で著しい効果が生まれることが多い．これこそTPMとQC的なアプローチとを融合させることによる相乗効果であろう．

2.2.4　TPMの推進とIoTに向けて

TPMの組織的導入・推進にあたっては，日本プラントメンテナンス協会（JIPM）が組織化しているTPM優秀賞受審レベルまでの12ステップからなるガイドラインがある．通常3年程度でそのレベルに達している．多くの受賞事業場はそこまでをパートⅠと位置付け，引き続きパートⅡ，パートⅢとして上位賞を目指して継続する場合が多い．

1971年に創設されたTPM優秀賞は，当初は自動車部品業界を中心とした日本企業が多かったが，1990年頃から全世界に広がり，最近では日本企業をはるかにしのぐ数の海外の事業場が毎年受賞している．これまでの受賞企業数は約3,000にのぼっている．

1.6節で述べたIoTの時代に向けて，特にスマート工場では故障や不良を未然に防ぎ，ラインを止めないために，故障の前兆や良品条件の変化をモニターするCBM，あるいは予知保全が不可欠となる．そのために振動や温度，電流値等，どのような部位と現象をモニターすると的確な故障の前兆や寿命の推定につながるか，のノウハウの蓄積が鍵となる．また良品条件についても同様であり，適切なQコンポの設定が求められる．このような遠隔操作すべき対象を決めるには，TPM的なアプローチが今後ますます重要になってくる．

2.3　TPS（トヨタ生産方式）

2.3.1　TPSの基本思想と2本の柱：ジャストインタイムと自働化

外からの変動への対処，そして内なる変動低減活動としてのTPSについては，1.4節で述べた．ここでは簡単に，TPSの原点に立ち返りTPSの本質と，かんばんの役割，そして現在のTPSの核心である自工程完結について紹介しよう．

TPSの生みの親である大野（1978）によれば，トヨタ生産方式の基本思想は「徹底したムダ（本書でいう変動）の排除」であり，これを貫く2本の柱が，

①ジャストインタイム

②自働化

である．野球にたとえるなら，ジャストインタイムはチームプレー，自働化は一人一人の技を高めることという．この両者の相乗効果により基本思想である「徹底したムダの排除」が達成される．

ジャストインタイムとは，一般にJIT（just-in-time）のことであるが，広義にはTPS全体，あるいはリーンを意味する場合がある．その狭義あるいは原点の意味は，1台の自動車を流れ作業で組み上げていく過程で，組み付けに必要部品が，必要なときにそのつど，必要なだけ，生産ラインのわきに到着することである．その手段が後工程が前工程から必要量を引き取るシステムである「かんばん」である．生産現場の計画は，変更されるためにあるようなものである．第1章で述べてきた不良や手直し，設備故障等の変動，予測の狂い，事務処理上のミス等無数にある．そこでプッシュ型のMRP（1.5節参照）のように各工程に生産指示を出したり，前工程が後工程に運搬するようなやり方では，「つくりすぎのムダ」が生じる．

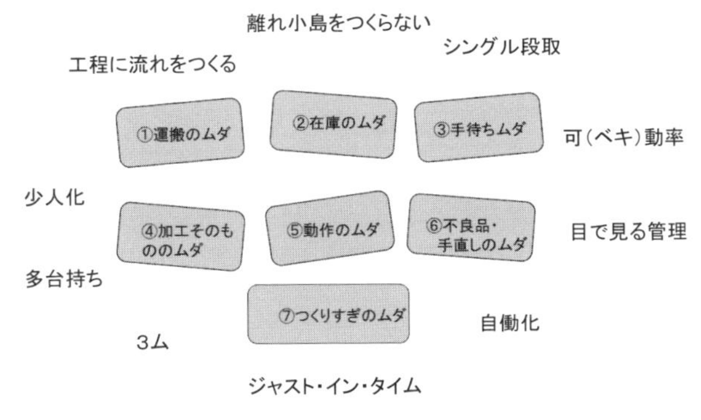

図 2.14　TPS の基本思想「徹底的なムダ排除」と施策・行動指針の例

自働化はニンベンのつく「自働化」と呼ばれる．その原点は設備や機械に不良品をつくらせない（不良のムダ）ために，機械に人間の知恵を授けること，具体的には「自動停止装置」や「バカヨケ（fool-proof system）」等の安全装置をつけることである．これが 1.4 節で述べた目で見る管理にもつながる．またオペレータにも，標準作業を徹底しラインを止める権限を与える．これらが 2.3.3 項で述べる自工程完結につながってくる．

それでは，TPS の基本思想における「徹底したムダ排除」のムダとはどのようなものがあるのだろうか．図 2.14 は，「7 ム」と呼ばれているものである．上述した「つくりすぎのムダ」，「不良のムダ」に加えて，図に示すような 5 つのムダがあげられている．

現状の設備や人の能力＝

働き（真に付加価値をうむ能力または時間：function time）＋ムダ

として，徹底的に現状の能力に潜在しているムダを排除しようというものである．

このようなムダを排除するものとして，“工程に流れをつくる”，“離れ小島をつくらない”，“平準化”，“助け合い運動”（セル生産と同じしくみ），“可（ベキ）動率（動かしたいときいつでも動かせる状態）”，“シングル段取”，“少人化”，“多台持ち”，そしてムダ自体を発生させる源泉である 3 ム（Muri, Mura, Muda）等，多くの施策や行動指針，事象への着眼点が生み出されている．

このようなムダや事象について，その事実を直視し「なぜ」を 5 回繰り返すことが実践されている．「なぜ」を5回繰り返すことによって，ものごとの因果関係や，その裏にひそむ真の原因をつきとめようというものである．この5回というのが重要で，途中で終わってしまえば対処は中途半端になってしまう．TPM の PM 分析，そして次章の TOC における CRT と同様にアブダクションと呼ばれる高度な発想法である．

2.3.2　かんばんとその運用方法

プル方式，あるいは後補充の代名詞ともされるジャストインタイムの手段が，かんばん方式（Kanban system）である．つくりすぎのムダを防ぐために，製品の最終工程だけに生産指示（1.4 節で述べた平準化計画に基づく1個流しの着工順位）が与えられ，先行する川上工程やサプライヤーへの納入指示，運搬指示，生産指示の情報が，かんばんによりコントロールされる．

図 2.15 に示すように，引き続く2つの工程間（工程とサプライヤー間）には，通常月ごとに設定された一定の枚数のかんばんが投入され，後工程で一つでも加工のために部品が消費されると，その部品収容箱からかんばん（引き取りかんばん：withdrawal Kanban）がはずされ，空の部品箱とともにかんばんは前工程に行く．それが後工程への運搬指示情報となり，前工程の1箱の完成品とともに，後工程に運ばれる．

一方，前工程では，後工程からかんばんが回ってくると，完成品置き場に部

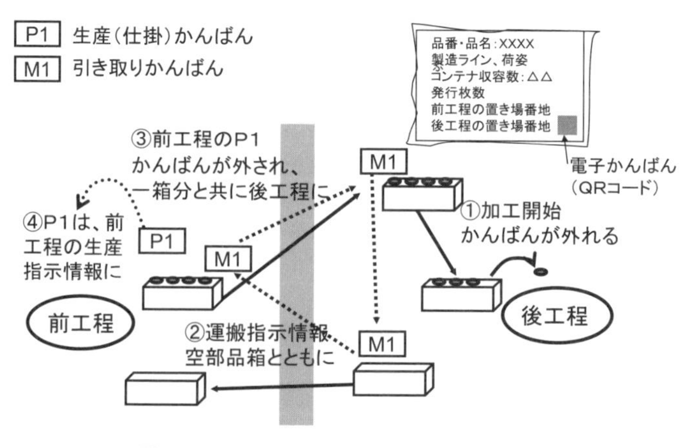

図 2.15　かんばん方式におけるかんばんの動き

品収容箱と一緒にされていたかんばん（仕掛かんばん：production Kanban）が剥がされ，それが前工程の生産指示情報となる．このように後工程で部品が消費されない限り，かんばんは循環しないために前工程での生産はされず，つくりすぎのムダを省く役割を果たす．

かんばん（Kanban card）そのものは，図2.15の右上に示すように，部品ごとに発行される品番と品名，製造ライン，荷姿と収容数，発行枚数，置き場（前工程および後工程の番地）等が記載されたカードで，通常汚れから守るためにビニールにおおわれている．部品，あるいは一定個数の部品収容箱と一対一に対応している．

2工程間に投入されるかんばん枚数Zは，前工程の生産リードタイムL，納入サイクル（前工程から後工程への運搬間隔：納入サイクル）R，そして需要に相当する月当たりの当該品種の生産量を日当たりに換算した日割生産量D，そしてコンテナ収容数Cによって，

$$Z=\frac{D(R+L)}{C}(1+\alpha)$$

のように決められる．ここでαは余裕に対応した安全係数である．

たとえば，$L=1$日，納入サイクルが1日2回，すなわち$R=1/2$で，日当たりの生産量が$D=20$個，かんばん1枚に相当するコンテナ収容数が$C=10$個としよう．安全係数を0とすれば，上の式から$Z=3$が得られる．すなわち，最低3枚が必要となる．しかしながら，この場合，余裕が0のために，少しでも前工程のリードタイムの延長や，納入の遅れといった変動が起こると後工程の生産がストップしてしまう．

したがって，実際にはαとして余裕を入れ，たとえば$\alpha=0.6$とすれば，$Z=4.8$となり5枚のかんばんが投入される．もし問題がなければ，さらに条件を厳しくする図1.8のロジックに従い，順次かんばんが抜かれる．もし問題が起これば，その原因を徹底的に追及し，対策がとられる．すなわち，かんばんも本来，変動低減活動の役割を担うのである．

以上のように，かんばん方式ひいてはプル方式のより一般的名称として後補充方式は，在庫は少なくて済むというメリットはあっても，多品種条件下での平準化生産（production leveling）という枠組みがはじめて意味をなすもので

あり，同時に変動低減活動と一体となったものである必要がある．このような前提条件が担保されない状況でかんばん方式を導入しても混乱を招くか，過剰なかんばん投入が必要となり，当然その分在庫を多くもつことになる．なお，かんばん方式の生産管理方式としての功罪や，最適性の議論については，第4章を参照されたい．

コラム8　在庫管理方式と EOQ

プルとプュッシュに加えて，在庫をもつことを前提とした生産管理方式として，在庫水準がある一定のレベルに下がったとき，オーダーを出す（生産指示，発注）方式として在庫管理方式（inventory control system）がある．統計的な考え方が導入されているため統計的在庫管理手法とも呼ばれる．もともとは生産計画・管理の簡素化の手法として考案されたが，現在では生産の場に限らず，流通の分野で広く用いられている．その際，在庫水準は，手持在庫（inventory on hand）に，発注中であるがまだ手元にない発注残（inventory on order）をプラスし，在庫がなかったために待ってもらっている量，受注残（backlog）を引いた有効在庫（available inventory）という尺度が用いられる．

在庫管理方式には多くのバリエーションがあるが，有効在庫があらかじめ定められた発注点（re-order point）s を下回ったとき，ロットサイズ Q だけのオーダーが出される発注点（注文点）方式，あるいは（s, Q）方式が代表的である．ここで，発注点方式の発注点は，日当たりの需要の平均を D，その標準偏差を σ，そして入荷までの発注リードタイムを LT とすれば，

$$s = LT \cdot D + k\sqrt{LT}\sigma$$

によって与えられる．ここで第1項はリードタイム中の平均需要であり，第2項は需要変動に対する安全在庫量（safety stock）である．k は標準正規分布の上側 100α% 点であり，発注中に在庫切れとなる確率（許容欠品率）α を指定することによって決まる．たとえば，2.5%，すなわち40回に1回程度の欠品を許すのであれば，k は1.96，だいたい2に設定すればよい（コラム15参照）．

また，ロットサイズを経済的に決める古典的な概念として，海外では現在でもよく使われるものとして EOQ（economic order quantity）がある．それは，1回当たりの発注にかかわる固定費を A，1期1個当たりの在庫管理（保管）費を h とすれば，期当たりの発注費用と保管費用を最小にするロットサイズであり，$\mathrm{EOQ} = \sqrt{2AD/h}$ で与えられる．いずれも詳しい手法の内容は，たとえば圓川（2009）を参照されたい．

2.3.3 自工程完結

最近のトヨタにおけるニンベンのついた自働化の進化形の取り組みとして，製造だけでなくスタッフ部門を含めた“自工程完結”（JKK：built in quality with ownership）を最後に紹介しておこう．

その提唱者である佐々木（2014）によれば，製造における自工程完結とは，“各要素作業ごとに，悪いモノをつくらない，設備や作業に異常があったらわかるという良品条件を織り込むことによって，最終的に作業者自身がその場でよしと判断できる状態にすること”である．そのためには，良し悪しの判断基準があり，このとき“よし”となるための要件が整備されている状態が自工程完結のできている工程と定義される．

図2.16に示すように，この要件には，設計要件，生産技術（設備・工具）要件，製造要件の3つが整備されていることが求められ，オペレータだけでなく設計，生産技術との連携が不可欠である．設計要件では，部品が機能を果たしていることに加えて，つくりやすいこと，生産技術（設備・工具）要件では，設計が求めている部品を量産でき，作業しやすいこと，製造要件では，良品をつくる作業要領書と，その作業を実施できる能力を整備することが，それぞれ求めら

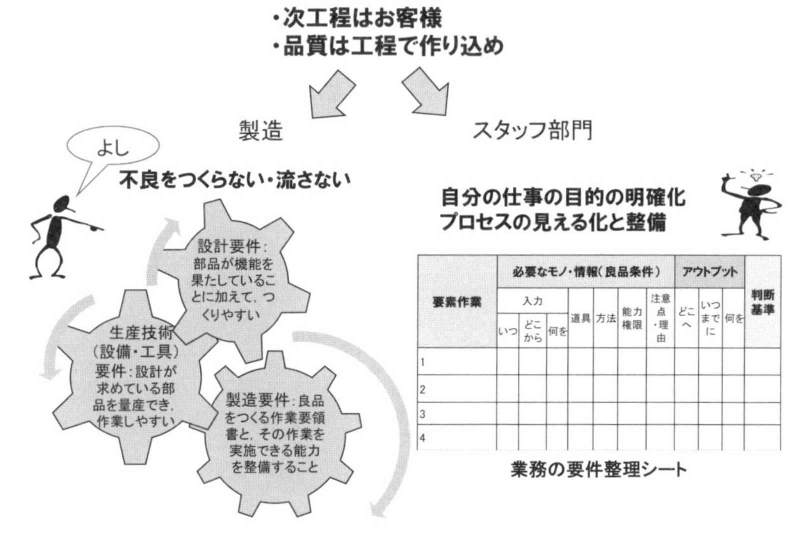

図2.16 製造，スタッフ部門の自工程完結の概念図

れる．

一方，スタッフ部門の自工程完結では，製造と異なり，良し悪しの基準が明確でなく，そのつど変化も求められる．また意思決定のプロセスそのものが見えない．そのため，仕事の目的・目標，アウトプットイメージを明確にすること，アウトプットを出すためのプロセスを決める，“形式知化”，“見える化”から始める必要がある．そこで，以下の手順でスタッフ部門の自工程完結は行われる．

①仕事の目的・目標を明確にする：お客様の要求・期待と品質の関係，後工程はお客様という観点から仕事の目的・目標を明確にする

②仕事のプロセスを整える：関係部署との仕事の関連性を重視した大まかなプロセスを業務フロー図等を用いて描き，見える化し，その上で自部署の担当する仕事のプロセスを細かく分解する．そして細かく分解したプロセス（要素作業）ごとのアウトプット（どこへ，いつまで，なにを）と，その良し悪しを判断する基準を明確にする．そして，各プロセスを進めるために必要なモノや情報，すなわち良品条件を明確にする．これらを整理したのが，図 2.16 の右側に示す業務の要件整理シートである．

そして，③プロセスの実行と振り返り，④知見の伝承，を繰り返すことで，自工程完結のレベルアップが図られる．

このように TPS では，製造部門だけでなく，サプライチェーン，あるいはバリューチェーンにかかわるすべての部門で自工程完結のチェーンで結ばれる．したがって欧米流のトップダウンでの全体最適とは対照的に，ボトムアップ的な自工程完結の連なりにより，顧客価値創造に向けた全体最適の実現が企図されていると，考えることができる．

3

TOC（制約理論）：変動を認めた最適化アプローチ

3.1　TOC とは何か

TOC（theory of constraints：制約理論）とは，企業・組織のゴールをまず明確し，現在のそのレベルを決めている制約条件に焦点をあて，その最大限の活用と強化を図ることだけが，企業・組織がゴールに近づく全体最適の方法であることを教えるものである．現在企業におけるシステム改善の哲学といえる．

もともとはイスラエルの物理学者であった TOC の考案者である E. ゴールドラットが，1970 年代後半に生産スケジューリング用のソフトである OPT（optimized production technology）を開発し，そこで用いられているボトルネック資源の活用ロジックを，米国に活動を移すとともにシステム改善や企業経営に発展，拡張させていくことによって，TOC の全体体系が構築されたものである（レポールら，2005）．

したがって，一口に TOC といっても，図 3.1 に示すように適用分野により，ボトルネックが制約条件になったり，方針上の制約（中核問題），クリティカルチェーンという言葉が使われたりする．今一つゴールドラットが TOC を普及させるためにとった戦略は，理論や手法を理解させるためにビジネス小説を仕立てたことである．製造業の生き残りをかけた改革（『ザ・ゴール』，ゴールドラット，2001），M&A 戦略を題材とした本社経営戦略（『ザ・ゴール 2』，同，2002），ビジネススクールの経営（『クリティカルチェーン』，同，2003），IT プロバイダーの経営（『チェンジ・ザ・ルール』，2002）等，それぞれのテーマ

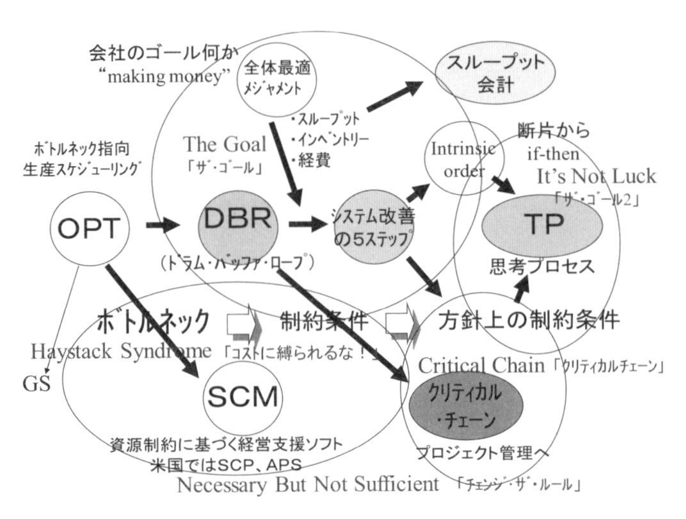

図 3.1　TOC の全体体系と形成の流れ

ごとに題材化したビジネス小説の刊行というスタイルで TOC の普及が図られてきた．

中でも，TOC をシステム改善の経営哲学として不朽の地位に押し上げたのが，1980 年代半ばの空洞化が進行した米国製造業の生き残りをかけた奮闘を描いた "The Goal" である．1992 年に第 2 版が刊行されるや，全米でベストセラーになり，今や「トヨタ生産方式」とともに，世界レベルでの生産企業の経営のためのバイブルとしての地位を占めている．わが国でも，英語版に 10 年遅れて，2001 年に『ザ・ゴール』として邦訳版が出版されると，話題を集めることとなった．

TOC のどのビジネス小説でも，第 2 章で紹介した JIT（ここでは広義のジャストインタイム，あるいは TPS に相当）や TQC を話題とする場面が挿入されている．TOC はそれらを乗り越える手法としての位置付けとなっている．ようするに，TOC は，わが国先進製造業が編み出した新しい仕事の仕方である改善，あるいは変動低減活動を，徹底的にベンチマーキングし，その考え方を取り込み普遍化しながら，一方で変動の存在を認めながら，それらの努力のベクトルを，企業・組織全体のゴールに向かうような最適化の体系を形式知化したものである．

いいかえれば，TOC は，日本生まれのオペレーションズ・マネジメントが，米国に行き，そこで時代の変化と米国流の組織風土にカスタマイズ・一般化され，再び日本に流入してきたものである．全体最適化の欠如という日本的経営の弱点を補完するものであり，学ぶことが多い．このような管理技術のブーメラン現象とも呼ぶべきものは，TOC に限らず前章コラムで紹介した 6 シグマや，次章で紹介する Factory Physics も然りであろう（残念ながら Factory Physics は日本ではまだ知られていないが）．そこから再び日本が学び，再び日本流に進化させることが，今求められているのではなかろうか．

本章では，TOC の全体像とともに，オペレーションズ・マネジメント上で特に重要なスループットの世界の考え方，そして思考プロセスについて紹介する．

3.2　生産マネジメントの最適化

3.2.1　コストの世界からスループットの世界へ

業績悪化から 3 カ月後の工場閉鎖を予告され，「技術もある，高い生産性を誇るロボットもある，最新のコンピュータももっている，従業員も悪くない……，なのに市場は（日本企業に）どんどん侵食されていく」，「何かが悪い，でもそれが何かわからない」．TOC の代表作『ザ・ゴール』の冒頭に出てくる主人公工場長アレックスの独白部分である．舞台である空洞化が進んだ 1980 年代半ばの米国製造業を代表するような場面である．この“何かが悪い，でもそれが何かわからない”という部分については，バブル崩壊以降 20 年以上も続く，日本のものづくりの閉塞感に置き換えることもできる．

物語では，主人公アレックスが恩師のジョナと出会い，要所要所でソクラテスの対話風にジョナからのヒントを受け，スタッフと従業員を巻き込みながら TOC における生産マネジメントの考え方を自分たちで構築，実践し，短期間で大幅な収益を稼ぎ出す工場への改革に成功する．

TOC の営利企業の最適戦略は論理的でかつ単純明快である．営利企業のゴールは“お金（キャッシュ）を稼ぎ出す”ことである．日常あちこちで“生産性”という言葉や評価尺度が使われ，その実績による評価やその向上を図る活動が

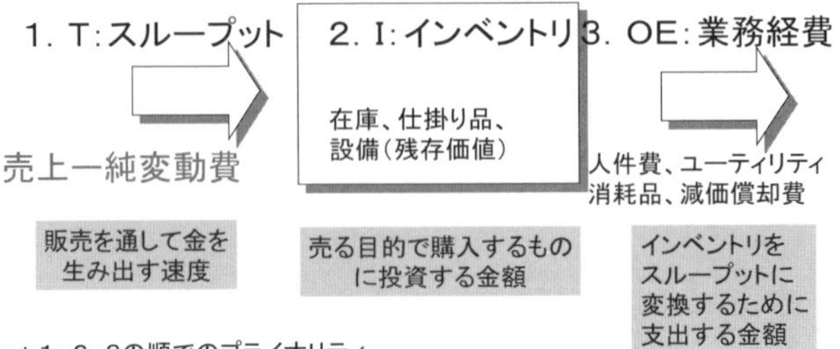

図 3.2　企業がゴールに向かっているかの評価尺度

行われている．しかしながら，その中でTOCでは企業のゴールに向かっている活動だけが生産的（productive）であるという．たとえば，ある製造工程で改善や設備投資により時間生産性が上がっても，その結果次工程との間に在庫を積み上げているだけでは売上増に結びつかず生産的とはいえない．

それでは企業や組織がゴールに向かっているかを判断する尺度は何か．それが，図3.2に示すような次の3つの尺度（measurement）である．

T（throughput）：スループット（販売を通して金を生み出す速度）

I（inventory）：インベントリーまたは投資（売る目的で購入するものに投資する金額）

OE（operating expense）：業務費用（インベントリーをスループットに変換するために支出する金額）

その中でTを増加させることが何より第一に重要であり，続いてI，OEを下げることである．もともとTOCは，まずコスト，特にOEを削減するリストラ批判がその根底にある．極端ないい方をすると，OEを削減することを第一にするとその理想は0であり，それは事業をやめることである．それに対してTの理想は無限大であり，いくらでも可能性がある．Iを下げOEの増加を最小限に抑えながら，Tの増加を図ることが企業のゴールであり，それにより従業員の活力も生み出すという好循環が生まれくる．

具体的にはスループットTは，売上から材料費に代表される純粋な変動費

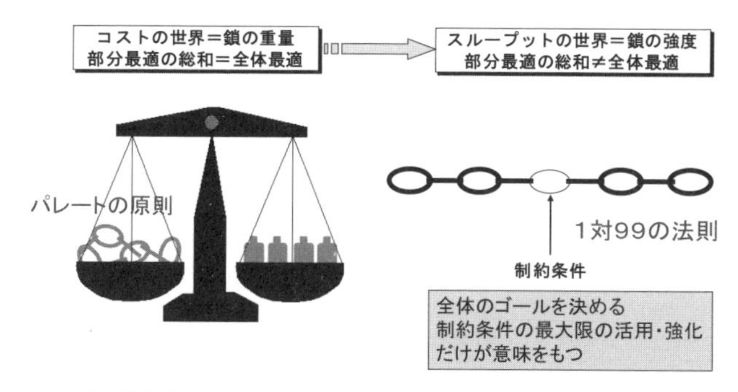

図3.3　コストの世界とスループットの世界：鎖のアナロジーによる全体最適の考え方

を控除した

T＝売上（製品の場合には売価）－純変動費（原材料費）

で定義される．貢献利益や付加価値に近い指標であり，人件費や間接費はすべて OE にカウントされる．I は，在庫すなわちたな卸資産に代表される投資資産に相当する．この 3 つから，純利益 NP (net profit)＝T－OE，ROI (return on investment)＝(T－OE)/I というように，その他経営の意思決定に必要な指標も導くことができる（Goldratt, 1990）．

なお，スループットという用語は，続く第 4 章で定義するように，一般的には時間当たりの出来高，あるいは生産量を意味するので注意が必要である．

それでは短期的，長期的に T を増加させるにはどのようにすればよいか．これを教えてくれるのが，図 3.3 に示す鎖のアナロジーである．企業におけるスループットに相当する鎖のゴールは全体強度である．その全体強度は，個々の鎖の輪（諸活動）の強度の和ではなく一番弱いリンクの強度によって決まってくる．この現在の全体強度を決めている一番弱いリンクが制約条件であり，その強化だけがゴールである全体強度の向上につながる．すなわち現在の企業のゴールを決めている制約条件は何か，そしてこれを着眼したマネジメントがスループットの世界と呼ばれる．

これに対して OE に代表されるコストは，鎖の全体重量に相当する．全体重量は個々のリンクの重量の足し算で決まる．全体重量を軽くしようと思えば，個々のリンクの重量を軽減することで総計として全体重量が軽減される．これがコストの世界である．むろん，同じ全体強度で鎖の重量が軽いことに越したことはない．しかしながら鎖を軽くすることばかり考えて，本来のゴールである強度を損なっては本末転倒である．

本節の冒頭で述べた『ザ・ゴール』の主人公の嘆きも，バブル崩壊後も右肩上がりの絨毯爆弾的な改善をしながら効果が出ない日本企業の“何かが悪い，それが何かわからない”という嘆きも，コストの世界に留まっているためのものではなかろうか．これをスループットの世界に転換し，ゴールを決めている制約条件を知ることこそ，“何かが悪い”の解答となる．いいかえれば，刻々と変化する事業環境の中で，制約条件も刻々と変化する．この制約条件を見据えないコストの世界のロジックに基づくマネジメントはもはや成り立たないし，それ以上にマネジメントともいえない．

なお，図3.3にあるスループットの世界の1対99（あるいは999ともいわれる）の法則というのは，改善活動において1に相当する制約条件を外せば残りの99を改善・強化しても成果（スループット）に結びつかないというものである．従来効率的改善やマネジメントに指針を与えてきた重点指向を意味するパレートの原則，すなわち20%の活動（項目）が全体の問題の80%を占める20%-80%ルールも，結局は足し算が成り立つコストの世界のロジックであり，スループットの世界では通用しない．

3.2.2　システム改善の5ステップ

スループットの世界の価値観のもとで，さらに制約条件の能力を最大限に活用するための最適化を図るという考え方を加えてマネジメントサイクル化したものが，①制約条件を発見し，②これを現条件下で最大限に活用し，③非制約条件を制約条件に従属させ，④制約条件の能力を高め，⑤惰性に注意しながら①に戻る，という図3.4に示すシステム改善の5ステップ（five focusing step）と呼ばれるものである．

現在の企業のゴール，スループットを決めている制約条件を見出し，現在の制約条件の実力のもとで短期的にもそれを増加させるために，ステップ②，③がある．たとえば，需要に対して手不足状況である工場の場合，制約条件は工場全体のスループットを決めている工程・設備の能力である．そこで“制約条件の1時間は工場全体の1時間”という立場から，ステップ②ではその設備だ

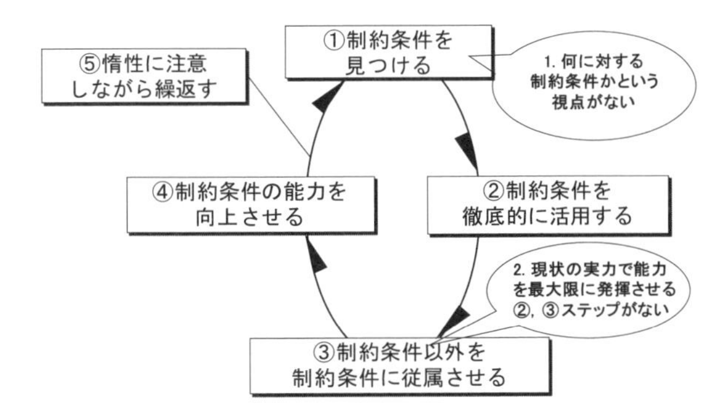

図 3.4　システム改善の 5 ステップと日本モデルとの相違（吹き出し部分）

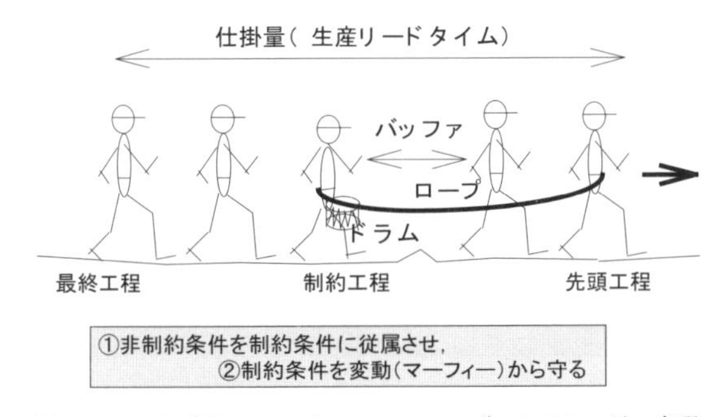

図 3.5　DBR（ドラム・バッファ・ロープ）のアナロジー表現

けは昼休も稼動させるとか，不良品を加工させないためにその前に検査工程を置くような対策を意味する．

そしてステップ③は，資源の有効活用を図る運用面からの最適化の方策であり，DBR（drum buffer rope：ドラム・バッファ・ロープ）と呼ばれる．これは冒頭に述べた TOC の原点である OPT のロジックに基づくものであり，“制約条件を変動から守り，非制約条件は制約条件に従属させる”ということである．ここで変動とは，TOC ではよく“マーフィー”（厄介なもの）という言葉が使われる．工場の場面でいえば故障であるとか，不良発生とか，といった本書の主題である（内なる変動）を指す．この DBR のロジックは，図 3.5 に示す一人一人の少年が各工程に相当するボーイスカウトの行進のアナロジーで説明される．

この行進のゴールは，スループットに相当する一定時間内になるべく距離を稼ぐことであり，制約条件は一番歩行速度が遅い少年である．またそのときインベントリーに相当する隊列の長さをなるべく短く保つことが求められる．制約条件の歩行距離によって隊全体の距離が決まる．隊列の長さを短く保つためには，制約条件の少年にドラムをもたせ，その拍子で列全体が行進する．加えて先頭の少年との間にロープを結び間隔が空くのを防ぐ．

そして制約条件よりも速い能力をもつ非制約条件といえども，いつ“マーフィー”，すなわち変動が襲ってくるかもしれない．たとえば制約条件の前の少年が石につまずいて転倒するというような変動である．制約条件の前の少年が転倒した場合でも，制約条件の歩行を妨げないように一定の間隔（バッファ）を設ける．すなわち，先頭の少年と結ぶロープにその分だけの弛み，すなわちバッファをもたせる．

これがDBRのロジックであり，変動の存在を認めた上での最適化という日本の変動低減活動にはなかった考え方である．

製造の場面でいえば，ドラムの拍子は生産指示または先頭工程への材料の投入間隔であり，ロープの長さは先頭工程から制約条件までのリードタイム，あるいは仕掛品の在庫量である．このようにスケジューリング面でも制約条件の能力を最大限に活用し，スループットを最大にし，かつI，すなわちインベントリーを小さく抑えようというものである．

そしてステップ④は，たとえば制約条件の能力自体をアップさせるような時間やコストをかけても改善や強化対策をとることに相当する．そうすれば今度は制約条件が別の資源や活動に移行するはずであり，そのことを踏まえてステップ⑤の惰性に気をつけながら，ステップ①に戻る，というようなサイクルが回される．

このような企業のゴールに向かうための全体最適のマネジメントサイクルは，TOCが乗り越えようとしたJITやTQCのような日本生まれの改善アプローチとどこが異なるのであろうか．①から④へのショートカットは，ボトルネック（弱点，潜在するムダ）を発見する仕掛け（たとえば，目で見る管理，かんばん）のもとで，それが顕在化すると対策をとり，条件をさらに厳しくしてさらに別の弱点を顕在化させるというJITの改善ロジックに相当する．

ゴールドラットは，日本モデルの改善アプローチの優位性を認めた上で，図

3.4にも吹き出しで添書してある2つの点で日本モデルを批判している．一つは，JITでいうボトルネックは，TOCでいうスループットや企業のゴールを決めている制約条件ではなく，多くの場合モノづくりにつきものの“偶発的な”故障や不良の発生等の統計的変動（マーフィー）に対するものにすぎないというものである．二つ目は，制約条件の1時間は工場全体の1時間という立場から，短期的にも運用上スループット向上を図る変動を認めた上での最適化を図るステップ②，③の欠落を指摘している．

ようするに，利益に直結する制約条件やマーフィーの存在を認めた上での最適化の視点がなく，徒にマーフィーを否定し，故障0，不良0を目指した“乾いた雑巾をさらに絞る”式の格闘・改善をしても意味がないという批判である．確かに改善そのものが目的化しがちであった日本企業にとって学ぶべき正しい指摘である．ただし故障0，不良0といった無限遠点に向けた改善ができるのは，海外ではあまり理解されない，コラム6で述べた“今＝ここ文化”に基づく日本の強みであることも忘れてはならない．

なお，これまでの説明では，制約条件が工場の中にあり，それも物理的な能力を想定した話であったが，現在のスループットを決めている制約条件が，市場であったり，また方針制約と呼ばれる組織慣習や制度であったりする場合も多い．そのような場合には，5ステップの運用はロジックとしても明確さをやや失うが，制約条件そのものを組織として認識することがまず重要である．また制約条件を解消する前に，ステップ②，③で，現状で制約条件をどのように活用するかを検討し，そして活用を最大限にするために非制約条件を制約条件に従属させる，というような運用をすれば，制約条件が制約条件でなくなることも多い，ともいわれる．

コラム9　プロジェクト管理手法としてのTOC：クリティカルチェーン

制約理論をプロジェクト管理に応用したものがクリティカルチェーン（critical chain）である．プロジェクト管理の手法としてPERT（program evaluation & review techniques：パート）が知られているが，この各アクティビティの所要期間には遅れに対するリスクから余裕が含まれ過大に設定される．アクティビティの実施に際してこのような余裕があっても，学生症候群（student syndrome）と呼ばれるような学生が宿題の提出期限ぎりぎりまで作業をはじめないように，有

アクティビティ	所要期間（週）		順序制約
	平均	余裕付	
A：市場調査	2	3	A<B，D，E
B：外部（機能設計）	2	4	B<C，F
C：ハード詳細設計	2	3	C<G
D：ハード設計外注	3	6	D<G
E：販売計画	3	6	E<J
F：ソフトモジュール設計	1	2	F<H
G：ハード試作	3	5	G<J
H：ソフト詳細設計	1	2	H<I
I：プログラミング	1	2	I<K
J：ハード製造	2	4	J<L
K：ソフトデバックテスト	2	3	K>G，I
L：出荷検査	1	2	L>J，K

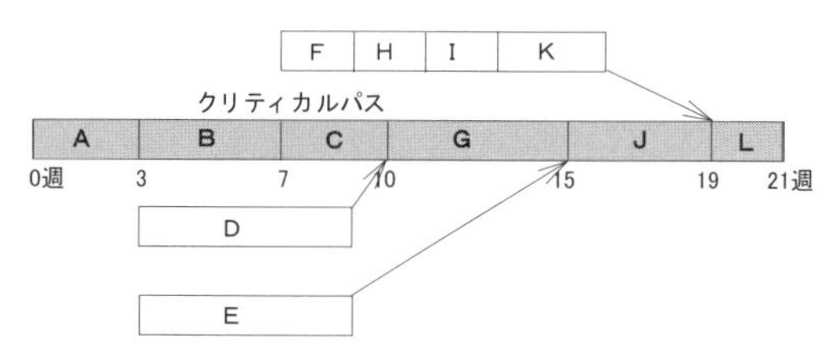

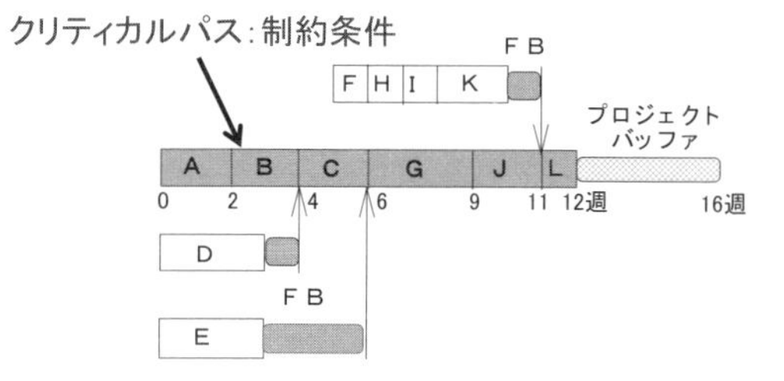

図 3.6　PERT 計算（上）とクリティカルチェーン（下）の例題

効に使われない．そこで個々のアクティビティからは削除し，余裕はプロジェクト全体（クリティカルパス：制約条件）に仕えるべきというのが，クリティカルチェーンの基本的な考え方である．

図 3.6 に示すシステム開発のプロジェクトの例題を用いよう．プロジェクトを構成するアクティビティについて，平均と余裕付の所要期間，そして各アクティビティの先行順位の制約が，表に掲げてある．余裕付の所要期間と順序制約を用いて，通常の PERT 計算を行った結果がその下に示す図である．プロジェクトの総所要期間を決めるのは ABCGJL のクリティカルパス（critical pass）であり，21 週となる．

一方，クリティカルチェーンでは，余裕をとった平均でまずPERT計算が行われる．その結果が下側の図である．クリティカルパスは12週となり，これを制約条件としてここに余裕，すなわちプロジェクトバッファが与えられる．この例では4週のプロジェクトバッファが与えられ，それでも完了まで16週であり，通常のPERT計算に比べて5週短くなっている．同時にクリティカルパスへ合流するパスについても，それぞれフィーディングバッファ（FB）と呼ばれる合流バッファが与えられる．これはDBRにおける制約条件の前に置かれるバッファと同じ考え方である．

なお，アクティビティ間で共通して用いる競合リソースがある場合は，そのアクティビティは同時にできないことから，重複しないように調整が必要である．この調整後のクリティカルパスが，最終的なクリティカルチェーンと呼ばれる．

3.3　スループット会計

現実には，物理的制約条件よりも，組織制度やポリシー上の制約条件，方針制約の方が多いといわれる．また制約条件が市場にある場合には，その原因を突き止めれば（たとえば後述の思考プロセスを用いて），組織内部の方針制約にいきつく場合も少なくない．現在の企業組織にある程度普遍的な方針制約の代表例が，『ザ・ゴール』や様々なTOCの著作の中でゴールドラットが指摘する標準原価計算制度である（コラム10参照）．そしてこれに替わる意思決定の方法としてTOCではスループット会計が推奨される．

スループット会計とは，“制約条件の1時間は工場全体の1時間”という命題をもとに，製品別のスループット（売価―材料費）を，その製品の制約条件の工程（以下，制約工程）で必要とする加工時間で割った時間当たりスループットに着眼した意思決定法である．たとえば，工場で生産する製品ミックス（どの製品を何個つくるか）を考える場合，制約工程の時間当たりスループットが大きい製品を優先させるというものである．同じ能力に対して総スループットは大きくなる．

スループット会計の今一つの特徴は，材料費に代表される純粋な変動費以外は製品にコストを配賦しない，しても意味がないという主張である．製品別のスループットから工場，企業全体の総スループットを計算し，前述したNPや

ROI を計算すれば，必要な改善具合やそのために必要な投資に関する合理的な意思決定ができるというものである．

いいかえれば，製品原価の概念そのものの否定であり，その意味では，間接費についてもコストを発生させるアクティビティを定義・測定し，製品別にアクティビティを積み上げることで正確に製品原価を測定する ABC（活動基準原価）も，標準原価計算と同様に方針制約の一種として批判している．それでは，標準原価計算制度は，なぜ企業経営上の制約条件となるほどの問題を起こすのであろうか．2つの例を取り上げよう．

(1) 利益を最大化する製品ミックス問題（工場が制約条件の場合）

製品 1，2 を生産する工場があり，図 3.7 に示すようなそれぞれの材料費，A から E までの設備を用いた 5 人のオペレータによる加工工程（各設備での数値は 1 個当たりの加工時間）で製品がつくられるとしよう．需要は製品 1，2 それぞれ週当たり 100 個，75 個であり，これらすべての需要を満たすことができない制約条件が工場の中にある状況であるとする．このとき利益を最大化する製品ミックスはどのようになるであろうか．

まず標準原価計算では，1 個当たりの材料費に加えて，直接労務費の各工程の総加工時間に工数レート 50 円/分を乗じた額が積み上げられる．製品 1 の総加工時間は合計 45 分で，45×50＝2,250 円の労務費が算出され，材料費 4,500 円を加えて 6,750 円が製品原価となる．同様に製品 2 の場合には総加工時間 40 分で 2,000 円の労務費と材料費 4,000 円を加えた 6,000 円が製品原価となる．それぞれの売価は 9,000 円と 10,000 円であるので，利益は製品 1 は 2,250 円，

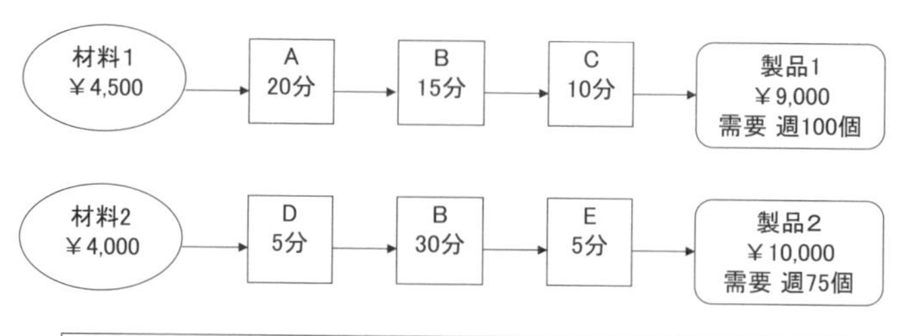

図 3.7　標準原価計算制度とスループット会計に基づく製品ミックスの比較の例題

製品 2 は 4,000 円となる．当然，製品 2 を優先させて生産し，残りは製品 1 の生産をするのが利益を最大にする意思決定に思える．

製品 2 の需要は週 75 個であるのでまずこれを生産するとしよう．そのとき設備 B は，1 個当たり 30 分の加工時間を要するために 75 個では 2,250 分を要する．1 週 2,400 分のうち製品 1 に使えるのは残り 150 分で，1 個当たり 15 分必要なために 10 個だけしか生産できない．したがって製品 1 を 10 個，製品 2 を 75 個という計画となる．

利益を計算すると，各製品の利益に生産数量を掛けて，$2,250 \times 10 + 4,000 \times 75 = 322,500$ 円で正しいだろうか．実は週当たり固定費 60 万がこの計算では考慮されておらず，実際の利益は，各製品の売価から変動費である材料費を引いたスループットの和から固定費を引いた $(9,000 - 4,500) \times 10 + (10,000 - 4,000) \times 75 - 600,000 = -105,000$ 円と赤字になってしまう．なぜこのようなことになるかといえば，標準原価計算では個々の工程・設備がフル稼働であるという仮定のもとで工数レートが決められているのに対して，実際には工程 B 以外はほとんど手待ちか，アイドル状況になっていることである．

これに対して，スループット会計では需要に対応するための負荷に対して一番能力が低い制約工程を認識する．この場合設備 B である．設備 B の分当たりのスループットを計算すると，製品 1 が $(9,000 - 4,500)/15 = 300$ 円/分，製品 2 は $(10,000 - 4000)/30 = 200$ 円/分である．標準原価計算とは反対に，時間当たりスループットの大きい製品 1 を優先させることになる．製品 1 の需要は 100 個で，1 個当たり設備 B の加工時間は 15 分，1,500 分の残り 900 分を製品 2 の生産に使える．製品 2 の工程 B の加工時間は 30 分であり，30 個が生産可能である．このときの利益を計算すると，$(9,000 - 4,500) \times 100 + (10,000 - 4,000) \times 30 - 600,000$ で，$+30,000$ 円となる．製品原価を無理やり計算することなく，スループットを決めている制約工程を認識し，その最大限の活用をした結果である．

(2) 間接費配賦による意思決定の誤謬を招く数値例（市場が制約条件の場合）

今度は，間接費の配賦の問題を取り上げた製品 X と製品 Y を生産するもう一つの数値例を考えよう．週当たり需要は製品 X，製品 Y ともに 100 個で売価はいずれも 5.1 万，それぞれの変動費（材料費）も 200 万円（1 個当たり 2

万円）としよう．労務費は固定費であるが工場全体として 600 万であり，その大きな部分は直接製品 X，Y に紐付けできない間接費である．このとき標準原価計算では，製品原価を計算する必要から，この 600 万円は製品 X，Y の売上高に比例して配分する“配賦”という操作がなされる．この場合売上高は等しいために，300 万円（1 個当たり 3 万円）がそれぞれ配賦され，製品 X の製品原価は，1 個当たり 5 万円と計算される．製品 Y も同様である．このような状況がしばらく続いたために，この 5 万円が両製品の標準原価として設定されているものとしよう（利益率は，両者ともに，0.1/5＝0.02，2%）．

さて，ここで現在の制約条件は市場であり，工場全体に余力があることを感じていた製品 X の担当課長が，現在の市場と全く異なる市場を開拓した（値崩れの心配がない）．その需要は 1 個 4.5 万円の売価で週当たり 40 個である．これを受注すると追加的に材料費である変動費は個数に比例して増加するが，間接費等の OE は現状で十分こなせ追加的な固定費は発生しない．ところが標準原価計算の意思決定によれば，製品原価 5 万円に対して売価 4.5 万円では赤字であり，標準原価計算を死守する経理部門の権限が強ければ，せっかくの課長の努力も当然のことながら却下される．

一方，スループット増を計算すると，4.5×40－2×40＝100，すなわち＋100 万の増となり，余分な費用の増加がないのであるからスループット会計上ではこの提案を受けるべきとの意思決定がなされる．たとえ OE の増加があってもこれを差し引いたスループットがプラスである限り結論は同じである．

ところで，提案が受け入れられた場合の製品 X，製品 Y の利益構造を比べてみよう．

・売上高は，製品 X：510 万円から追加受注の 180 万分を加えた 690 万円
　　　　　　製品 Y：510 万円で変わらず
・変動費は，製品 X：140 個×2 万/個＝280 万
　　　　　　製品 Y：100 個×2 万/個＝200 万
・間接費 600 万は変わらないが，売上高 690 万，510 万の割合で配賦すると，

製品 X：600×690/(690＋510)＝345 万円

製品 Y：600×510/(690＋510)＝255 万円

したがって，それぞれの利益，利益率は，

製品 X：690－(280＋345)＝65 万円，65/690＝0.094 → 9.4%

製品 Y：510－(200＋255)＝55 万円，55/510＝0.108 → 10.8%

すなわち，製品 X の利益率も提案前の 2% から 9.4% に大幅に増加しているが，何も策をとっていない製品 Y の利益率がそれ以上の 10.8% に上がっている．

なぜこのようなことが起こるのであろうか．製品 X の売上が 690 万に増加したことにより，その分，多くの間接費が配賦され，逆にその分，Y の間接費が減ったために起こった見掛け上のマジックによるものである．

間接費の割合が増加した現在，標準原価計算をそのまま用いると，このよう誤った意思決定を招く例は少なくない．スループット会計のわが国での実践は，明示的にこれを導入している企業は多くないと思われるが，工場の貢献利益という立場から，外部に企業業績，財務状況を報告するための財務会計とは別に，経営上の意思決定を行うための管理会計の立場から，スループット会計あるいは類似の独自のシステムを導入している企業は少なくない．スループットを最大化することをゴールにする経営により，常に制約条件に着眼した改善や挑戦を続ける創造的な組織が生まれるのではなかろうか．

コラム 10　標準原価計算と ABC

製品原価を構成する原価（コスト）は，材料費，労務費，経費の 3 つの形態別分類により計上される．その際，材料費等の製品に紐付けることができる直接費（direct cost）に対して，経費のように直接製品に紐付けることができない間接費（overhead cost）の場合には，配賦（allocation）という操作を経て製品ごとに割り付けられる．配賦の基準としては，製品の生産高や直接工の作業時間等であり，プールされた間接費をその大きさに比例配分した金額が，各製品に配賦される．

標準原価計算は，このような原価を集計することで目標とする原価標準が設定される．この原価標準と実際の原価計算から求められる実際原価との差異から，その差異の原因を探求することで原価をコントロールしようというものである．テイラーの時代かその前にその基礎が確立されたといわれる．

しかしながら，時代の変化の中でコスト削減努力が日常化する中で，原価標準そのものの有効期間が著しく短縮するという問題が出てきた．加えて，標準原価計算が考案された頃は，原価構成のほとんどが直接材料費と直接労務費であり，間接費の配賦の製品原価への影響は小さく問題にならないものであった．ところが自動化が進展し，一方で多品種化やそれに伴う小ロット化によって，特に直接労務費の占める割合は激減し，かわりに間接費の割合が著しく増加した．

このような間接費の割合が増大すると，間接費の機械的な配賦は製品原価の計算に大きな歪みを与え，様々な誤った経営判断に陥ることも少なくない．これを補うものとして登場したのが米国で生まれたABC（活動基準原価：activity based costing）である．簡単にいえば，ABCとは，コスト格差が発生する最小の活動（方法）単位でアクティビティを定義し，そのコストの把握を通して製品やサービスの原価を計算しようというものである．

たとえば，経費の販売管理費についていえば，それを営業経費，物流費，その他経費といったアクティビティに分解し，客先別にそれらにかかる費用の記録を通して測定すると，機械的に売上高で配賦した額と大きく乖離する場合が多い．今まで利益を上げていた顧客の原価が売上を越えていたり，その逆であったりすることが発見でき，それにより客先の見直しや価格体系や納入方法の改善等に結びつけることができる．

3.4　組織のゴールを阻害する中核問題の発見と解消法：思考プロセス

TOCの原点であるこれまでの話は，主に生産マネジメントへの適用を意識したものであった．その中で方針制約は，標準原価計算制度にとどまらず，あらゆる組織，システムの経営に存在する．より一般的に方針制約は，組織やシステムのゴールを阻害する原因として，様々な問題を引き起こしているはずである．それではそのような方針制約はどのように見つければよいのであろうか．『ザ・ゴール』の続編である『イッツ・ノット・ラック』（和訳は『ザ・ゴール2』）では，方針制約は中核問題という言葉・概念に置き換わり，システム改善の5ステップのかわりに，この中核問題を見つけ，そしてそれを解消するためのアイデアの想起，そしてその実現計画までの一連の手法として思考プロセス（thinking process）が紹介されている．

物語の場面設定は，スループットの世界に工場を変えることによって短期に大幅な収益を増加させた功績により，本社役員に抜擢された主人公アレックスが，会社全体の企業価値を増大させるための工場の売却という戦略と，かつての部下だったその工場の従業員を守るというジレンマの中で，思考プロセスを活用することによって見事難局を切り抜けるというものである．生産マネジメントの世界から，企業経営そのものに場面を移したものであり，TOCの本質はむしろこの思考プロセスにある，と主張する研究者も多い．

思考プロセスの基本的な考え方は次のようなものである．システム（企業，組織，活動）のゴールを達成しようとしても，UDE（**un**desirable **e**ffect，望ましくない効果），すなわち問題が多く存在，それに対処することに翻弄されていることがほとんどである．しかしUDEの多くは表層的な問題の兆候であり，これに対処してもいわばそれはバンドエイド処置でしかない．これらの兆候群の背後につながる真の原因である中核問題を探し当てない限り問題解決につながらない．

直感をもつ人が何人か集まり，if-then関係の因果論理を追求するプロセスを正しく踏めば，必ず中核問題の発見や，それを解消するブレークスルーアイデアにたどりつける，というものである．中核問題を解消するアイデア自体は決して奇抜なものではなく案外常識的（common sense）なものであり，なぜそれに気がつかないかといえば，標準原価計算のところでも述べたように，思いこみや慣習といった雲に遮られているからだ，という．

図3.8に示すように，思考プロセスには“何を変えるか”，“何に変えるか”，“どのように変えるか”というフェイズごとに5つのツールが用意されている．その中で最初に使われ最も重要なものが，“何を変えるか”，すなわち中核問題

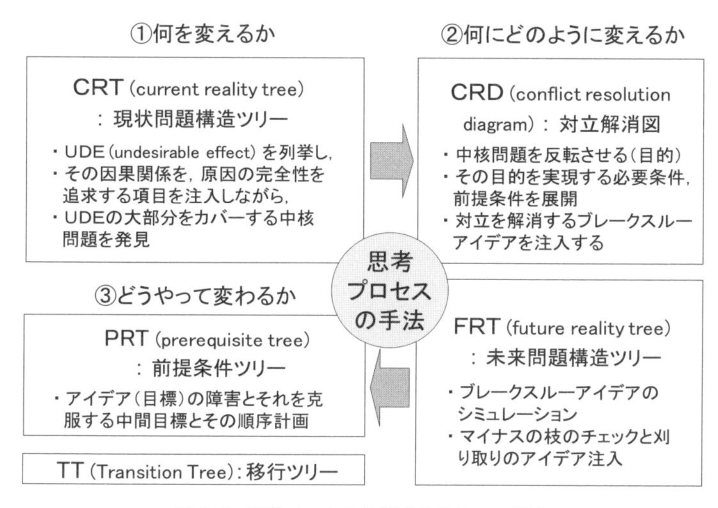

図3.8　思考プロセスを構成する5つの手法

を発見するためのCRT（current reality tree：現状問題構造ツリー）である．そして，これは筆者が思考プロセスを適用した経験からの思い込みかもしれないが，CRTとペアで用いられる“何にどのように変えるか”を探索するFRT（future reality tree：未来問題構造ツリー）の2つがあれば，問題の発見と解決法をカバーできると考える．そこでこの2つのツールについて紹介しよう．

CRTの作成方法は簡単には次のような手順である．設定された対象課題について，まず参加メンバーが日頃から感じているUDEと呼ぶ問題を列挙しカードに記入する．列挙されたUDEを出発点として，UDEどうしあるいはUDEの原因となるカードを注入し，if-then関係を満たすと思われる対を矢印（→のもとがif部分で，矢印の先がthen部分）で暫定的に結ぶ．その関係に論理の飛躍があれば，途中に論理を明確にする注入カードを挿入する．またif側の原因が十分でなければ，and関係に相当するカードと→を注入（その場合には複数の→を楕円で囲む）する．

このようなプロセスを参加メンバーで，if-then関係を声を出し，論理の妥当性を検証しながら繰り返す．通常，if部分の原因側を下へ向けてツリーを展開することによって，一つの原因から結果側に向けて上にたどればほとんどすべてのUDEをカバーするカードを発見でき，それが中核問題である．

実際の適用例では，CRTで構成されるツリーは膨大なものになる．ここではCRTとしての完結性には疑問もあるが，『ザ・ゴール2』で出てくる化粧品会社における顧客（小売店）の抱える中核問題を探索する小規模な例を用いてCRTの概要を説明しよう．余談ながら，同書のこの場面には，“世の中で行われるアンケート調査や市場調査では，表象的なUDEしか出てこない”，という会話が出てくる．これは本質を得た見解で，CRT的な思考法の必要性を端的にいい表しているものと考える．

図3.9に示すCRTにおいて，最初に小売店の抱えているUDEの3枚のカードが最初に置かれる．この場合UDE間の因果関係よりも，直接if-then関係が成立するような原因側のカードが注入され下へ展開されている．#3のUDEの原因，if部分として，「在庫と実需がミスマッチ」が注入されている．そして「在庫と需要がミスマッチ」ならば，「#3 UDE 大量に在庫をもちながら欠品が頻発」，という論理が成立していることを確認して次に進む．#1，#2のUDEか

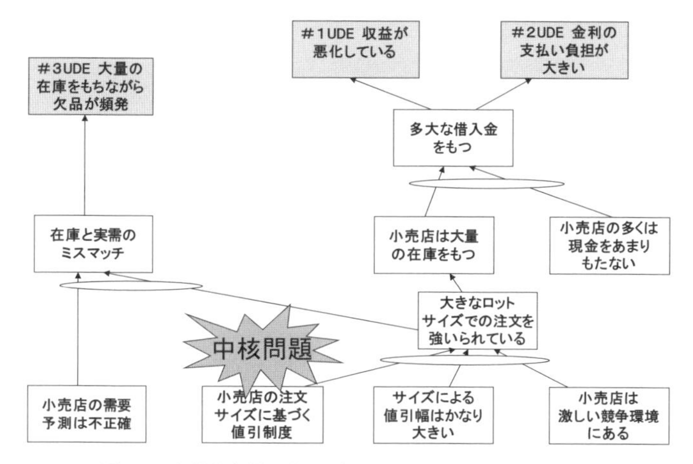

図 3.9 化粧品会社の市場（小売店）が抱える問題の CRT
複数の→を囲んだ楕円は，下の複数の原因（If 部分）すべてを満たしたとき，
上の結果（then 部分）が成立する and 関係を示す．

らは，共通の if 部分，原因として「多大な借入金をもつ」が注入され，さらにその原因として，「小売店は大量の在庫をもつ」and「小売店の多くは現金をあまり持たない」が展開されている．

そしてこの CRT のツリー展開で重要なポイントが，「小売店は大量の在庫をもつ」の if 部分として，「大きなロットサイズでの注文を強いられている」というカードが注入されていることである．このカードは左側の #3 の UDE の原因にもなり，→で結ぶことができる．さらにこの注入カードの if 部分へ展開したところで終わっている．

and で結ばれた 3 つの原因のうち，「小売店の注文サイズに基づく値引制度」が中核問題として CRT を完成している．これは「小売店の注文サイズに基づく値引制度」が解消されれば，楕円の and で結ばれた他の原因にかかわらず，→の先の「大きなロットサイズでの注文を強いられている」が解消され，さらに上に遡ると 3 つのすべての UDE が CRT の論理の上では解決されることになるからである．

次に FRT について紹介しよう．FRT は基本的に CRT を用いた中核問題を解消するブレークスルーアイデアを実行したときの影響のシミュレーションである．アイデア自体は解ではなく，そのままでは実行段階で必ず問題が生起す

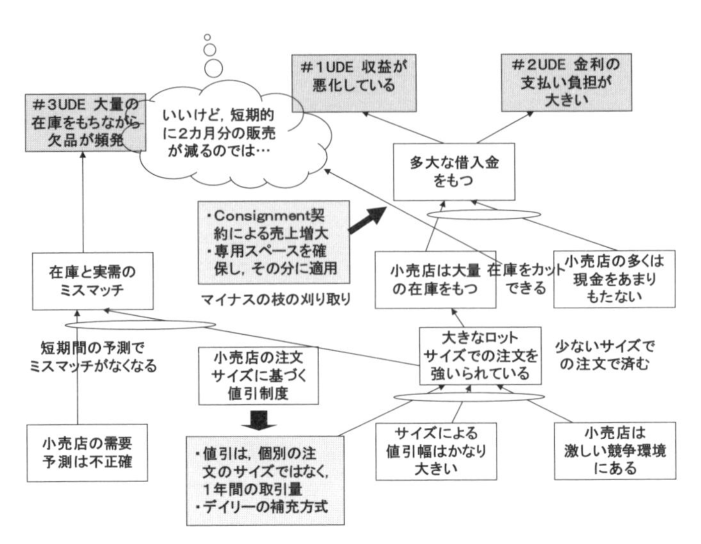

図 3.10　FRT：ブレークスルーアイデアのシミュレーション

る．マイナスの枝と呼ぶこのような問題を事前にシミュレーションによって摘出し，その枝を刈り取るアイデアも注入しておこうというものである．

そのとき，中核問題を解消するアイデアを，“そうかもしれないが，しかし……”（Yes, but …）式の思考，すなわち，negative branch reservation，意地悪な異議，が重要であるといわれている．組織には必ずそのような思考が得意な（？）人が少なくないことから，そのような人を活用し，かつそのことでその人自身もアイデア実行にバイ・インさせることにも有効であり，心理学的な要素も含まれていることも TOC の特徴である．

さて，図 3.9 の CRT のもとに FRT を行った例が図 3.10 である．“何を”という中核問題に対して“何に変えるか”というブレークスルーアイデアに，「値引きは個別の注文ではなく 1 年間の取引量に対して行い，補充方式を日ベースにする」が採用されている．このアイデアにより，矢印の上をたどっていくと少ないサイズの注文で小売店の在庫は減り，それにより需要の予測が短期間で済むことから在庫と需要のミスマッチもなくなり，小売店のすべての UDE が解消される．

しかしながら，ここでマイナスの枝の発生が指摘される．現在小売店が在庫を大量にかかえている状況から在庫が少なくて済む状況にシフトするということは，「短期的に2カ月分に相当する販売が減る」というものである．これについては，実際に店舗で売れるまでの在庫を会社側が負担するという小売店にとって魅力ある委託販売契約を導入し，新規店を取り込むことによって売上を補完しようというものである．さらにその委託販売契約を店舗の当社専用スペースに適用することで，会社製品のスペースをも広げ既存店の売上も増やすインセンティブ策が，マイナスの枝解消のアイデアとして注入されている．

以上，思考プロセスの根幹をなすCRTとFRTを紹介したが，CRTは誤った常識の雲に隠れてなかなか発見できない組織制約の発見の道具として，またFRTは“マネジメントは予測”といわれるように，アイデアの実行シミュレーションの役割をもつ．特にCRTのツリーの展開の骨子は，if-thenのthen部分からif部分を推論することを繰り返すアブダクションと呼ばれる推論法に相当する．アブダクションは，then部分の現象の断片から，if-thenの未知の原理・原則を発見する科学者の推論法である．しかもこれらの手法は，関係者が集まって頭をひねりながら行うものであり，中核問題の発見やアイデアの実行案を見つけ出す過程そのものが重要であり，質の高い関係者の間の情報共有を可能にする．

なお，CRTの展開によく似ている日本生まれの手法として，前章で紹介した“なぜなぜ分析”（より系統的なものにPM分析）がある．さらに1.7節で述べたクラスⅢの共創的な思考に通じるものであり，CRTはこのような手法を論理・体系化したものに相当する．

3.5　思考プロセスの実際例：中核問題（制約条件）は組織内部にあり

これまで人工的な簡単な例で思考プロセスを紹介してきた．実際にこれを適用するとどうであろうか．筆者は実際の企業でのリアルな適用例をこれまで20余り経験してきた．その対象は，現代企業の競争力の源泉である新商品開発やSCMの問題を中心に，それらがなぜうまくいかないか，ということの中核問題の発見である．いずれの場合もトップを含めた数名の担当者をメンバーとし，筆者等がツリーの展開の論理的妥当性の行司役としてのファシリテータをつとめた．CRTを完成させるのに，最低半日かかるし，大企業で行った例では，最初に出されるUDEだけで50にのぼり，最終的には120を超えるカードからなるツリーが構築された．

これらのCRTに共通して見られる傾向として次の2つの点があげられる．

一つは，UDEやツリーの上には，新商品開発やSCMがうまくいかない理由として，業界特性や市場環境，そして顧客あるいはパートナーの問題等のあたかも制約条件が外にあるようなカードが布置される．ところが論理的に原因を追究していくと，企業内の組織上の問題が出てくる．中核問題や制約条件は内部にあるということである．

もう一つは，多くの場合中核問題は組織上，経営上の問題であり，それを一般化すると「企業や事業としてあるべき姿や方向性がトップから示されていても，これが共有できていない，あるいは実行できるようになっていない」ということに行き着く．筆者らは，これをスーパー中核問題と呼び，総論では全体最適を組織として謳っているもののその実行までの過程で様々な部分最適が存在し“ねじれ”を起こしているのが現実である．ねじれを掘り起こすことこそ中核問題の発見につながる．

なお，ツリーを下へ下へ展開することはかなり苦しい作業であり，参加メンバーだけではすぐに止まってしまう．特に中核問題やその周辺に近づくと経営の琴線にふれるようなカードが出てくる．これを先に進めるのが筆者らが行ったファシリテータの役割であり，そこで誤った常識や思い込みの雲を打ち破ることができる．

ようするに，企業や組織のゴールを阻害しているのは，その制約条件が外にあるというのは表層的ないいわけであり，方針制約として組織の中にあるということである．CRTは，それを見えなくしている雲を打ち破り，企業のゴールを阻害している方針制約の発見につながる．加えてその理解の過程と結果の共有を通して，個人個人の努力が組織全体のゴールへ向かうベクトル合わせに不可欠な道具といえる．

Factory Physics：変動の科学

4.1 Factory Physics とは

Factory Physics は，2000 年頃から米国において生産にかかわる変動（variability）の科学として登場したものである．本書でいう内なる変動が，どのようにスループット TH（throughput：時間当たり生産量，前章 T と名称が同じでも意味は異なることに注意），や CT（cycle time：サイクルタイム，リードタイムと同義，本章ではリードタイムの意味でも CT という略号を用いる），WIP（work-in-process：仕掛在庫）に影響を与えるか，あるいはそのメカニズムを，待ち行列理論（queuing theory）により定式化したものである．これにより，JIT（海外では TPS の意味で JIT と呼ばれることが多い）あるいはリーンに代表される変動低減アプローチに対して，変動に対処するために適切なバッファ（在庫，能力，時間）をもつことで TH の最大化や最適化等のマネジメント手法を提唱したものである．

その誕生には次のような背景があると思われる．1980 年代末に，米国を中心にわが国の自動車産業，中でも TPS のベンチマーキングを通して，リーンあるいは JIT という名のもとに世界的に普及が進む一方で，変動低減活動という本質が抜け落ちる例も多く見られた．このようなロマンチック JIT とも揶揄された単なる経営手法として導入した多くの企業が，失敗を経験することになった．

一方で，JIT の忠実な変動低減活動には時間がかかる．たとえば半導体産業

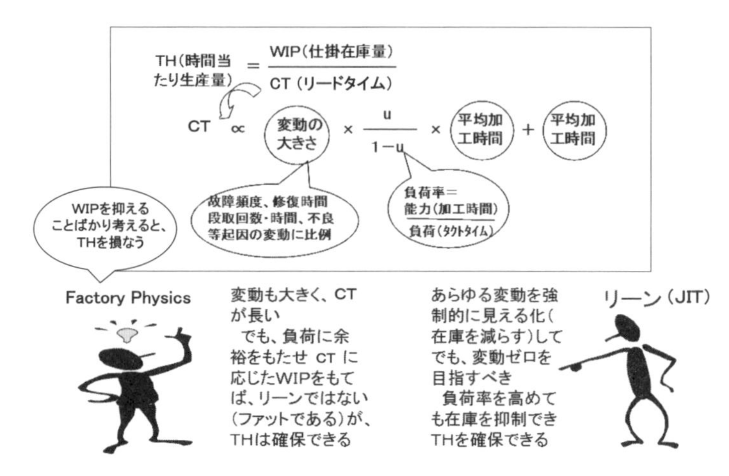

図 4.1　Factory Physics の考え方とリーン（TPS）との対比

は莫大な投資の一方で技術の変化スピードが速い．このような業界では一度投資すると，たとえ在庫を多くもっても TH を最大化し，投資の回収を急ぐ必要がある．JIT の実践により，適切な在庫をもたずに短期的には生産量を確保できないような現実も出てくるようになった．

そこで，これまでの JIT を含めて多くの生産管理や計画手法が提唱・流行してきたが，いずれも理論不在であり，逸話的な解説によるものであったという批判も含めて，登場するのが Hopp & Spearman（2008）による Factory Physics である．図 4.1 の上部に後述する Factory Physics の理論の概要，下部に変動低減活動としてのリーン（lean：ぜい肉のない）との考え方の対比を示している．変動が大きいと CT が伸びる．そのような状況でも，負荷に余裕をもたせるか，TH＝WIP/CT，後述のリトルの公式に沿った適切な在庫をもてば，ファット（fat：太い）であるが同じ TH は確保できるというものである．ようは，“変動や在庫を抑えることばかり考えると，TH を損なう” というものである．

これは決して JIT を否定するものではない．状況によってうまく使い分ける必要をいっているのである．たとえば前述の半導体生産のように早急に投資の回収が迫られている状況，あるいは一般的に生産の立ち上げのときに TH を確保するために適切な WIP をもつ必要があるとき，Factory Physics は役立つ．

加えて現在の経営のなかで不良在庫にならない限り，在庫の財務的な影響は小さく，それよりもTH減少による機会損失の方が著しく大きい.

残念ながらFactory Physicsは，変動低減活動としての強みを発揮してきた日本ではあまり知られていない．しかしながら，生産のグローバル化が進展し改善魂を前提としないものづくりや，IoT環境のもとでの最適化を図る場面での理論として，Factory Physicsは必要不可欠となってきている.

4.2　変動のリードタイムに与える影響とリトルの公式

Factory Physicsにおける変動とは，作業時間や加工時間の自然なばらつきだけでなく，故障や段取替え等の変動を増幅する源泉となるものを指す．まず変動がCT等にどのような影響を与えるか，直感的な理解を助けるために，図4.2に示すような工程1へのワーク投入から工程2での加工終了までのリードタイムを考えよう．ただし工程1の前には十分な在庫があり，工程1では一つの加工が終わると次のワークの加工が開始されるものとする.

図4.2に示す2つのケースのうち，ケース1は，両工程ともに平均加工時間が5分でバランスがとれ，リードタイムは計10分で理想的に見える．しかしこの場合，各工程の加工時間には標準偏差1分の変動を伴う（標準偏差/平均で定義される変動係数（coefficient of variation）は0.2)．このときリードタイムはどのような挙動を示すだろうか.

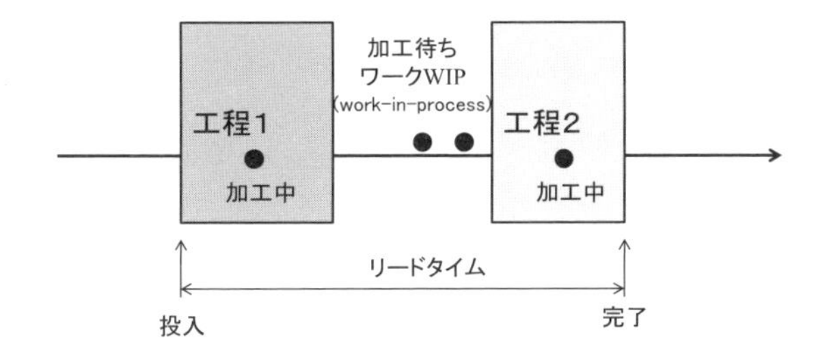

工程1, 工程2のワーク1個当たりの平均加工時間と標準偏差
ケース1　工程1 : t_1=5分, σ_1=1分　工程2 : t_2＝5分, σ_2＝1分
ケース2　工程1 : t_1=5分, σ_1=1分　工程2 : t_2＝4分, σ_2＝1分

図4.2　変動を伴う2工程の例題

それをシミュレーションで確かめたのが表4.1である．ケース1は左の表で，加工時間には平均が5で標準偏差1の正規乱数が与えられている．すなわち時刻0にワークが工程1に投入され，加工時間5分で加工され，工程2に到着する．時刻5には工程2はアイドルであるために待ちなしに加工時間6分で加工を終了する．したがってワーク1のリードタイムは11分である．ワーク2は，ワーク1の加工が終了する時刻5に工程1で加工が開始されて加工時間5分で時刻10に終了するが，そのとき工程2はまだワーク1を加工中であり，それが終了する待ち時間1分で時刻11に，工程2で加工が開始されて4分かかり時刻15に終了する．このときワーク2のリードタイムは，工程1，2の加工時間9分に待ち時間1分を加えた10分となる．このような計算をワーク33まで繰り返したものが示されている．

表4.1の左の表のリードタイムの数値からわかるように，リードタイムは時間経過とともにしだいに増加している．シミュレーションを継続していくとさらに増加し，最終的に無限大に発散してしまう．このように，変動係数が0.2という変動を伴うことによって，リードタイムは一気に無限大となる．その源泉は，表からもわかるように工程2の前に溜まるワークの待ち時間の増大である．工程編成において生産能力を等しくするというのは，現実でも少なくない．作るだけつくるというプッシュ型の生産をすれば，同じ現象が起きるはずであり，人が介在することによって，前工程を止めたりしてコントロールしているはずである．

ここでの教訓は，変動を伴うとリードタイムが大きく延長するということと，工程の平均能力を等しくするということは賢明ではないということである．そこでケース2のように工程2の生産能力を平均加工時間5分から4分に上げてみたらどうなるであろうか．同じく正規乱数を用いてシミュレーションを試みた結果が表4.1の右の表である．この場合には時間とともにリードタイムの増加傾向は見られず安定し，まだ途中結果であるが平均9.55で，工程1と工程2の平均加工時間の和9分に若干プラスしたものになっている．

表 4.1 2つのケースのシミュレーションの途中結果

ケース1　工程1：$t_1=5$, $\sigma_1=1$,
工程2：$t_2=5$, $\sigma_2=1$

ワークNo.	工程1		工程2			完了時刻	リードタイム
	加工時間	終了時刻	待ち時間	加工時間	アイドル		
1	5	5	0	6	5	11	11
2	5	10	1	4		15	10
3	4	14	1	7		22	12
4	6	20	2	4		26	12
5	5	25	1	3		29	9
6	4	29	0	5		34	9
7	3	32	2	6		40	11
8	4	36	4	5		45	13
9	7	43	2	4		49	13
10	3	46	3	3		52	9
11	4	50	2	4		56	10
12	5	55	1	7		63	12
13	5	60	3	5		68	13
14	4	64	4	5		73	13
15	3	67	6	7		80	15
16	6	73	7	6		86	19
17	4	77	9	4		90	17
18	5	82	8	4		94	17
19	5	87	7	6		100	18
20	6	93	7	5		105	18
21	4	97	8	5		110	17
22	4	101	9	6		116	19
23	5	106	10	6		122	21
24	3	109	13	4		126	20
25	5	114	12	6		132	23
26	5	119	13	6		138	24
27	4	123	15	5		143	24
28	5	128	15	4		147	24
29	5	133	14	6		153	25
30	4	137	16	7		160	27
31	3	140	20	5		165	28
32	4	144	21	6		171	31
33	6	150	21	5		176	32

ケース2　工程1：$t_1=5$, $\sigma_1=1$,
工程2：$t_2=4$, $\sigma_2=1$

ワークNo.	工程1		工程2			完了時刻	リードタイム	待ち時間+工程2加工時間
	加工時間	終了時刻	待ち時間	加工時間	アイドル			
1	5	5	0	5	5	10	10	5
2	5	10	0	5		15	10	5
3	4	14	1	5		20	10	6
4	6	20	0	4		24	10	4
5	5	25	0	3	1	28	8	3
6	4	29	0	5	1	34	9	5
7	3	32	2	5		39	10	7
8	4	36	3	4		43	11	7
9	7	43	0	6		49	13	6
10	3	46	3	4		53	10	7
11	4	50	3	5		58	12	8
12	5	55	3	4		62	12	7
13	5	60	2	5		67	12	7
14	4	64	3	3		70	10	6
15	3	67	3	3		73	9	6
16	6	73	0	4		77	10	4
17	4	77	0	5		82	9	5
18	5	82	0	4		86	9	4
19	5	87	0	2	1	89	7	2
20	6	93	0	2	4	95	8	2
21	4	97	0	6	2	103	10	6
22	4	101	2	4		107	10	6
23	5	106	1	3		110	9	4
24	3	109	1	3		113	7	4
25	5	114	0	4	1	118	9	4
26	5	119	0	4	1	123	9	4
27	4	123	0	4		127	8	4
28	5	128	0	6	1	134	11	6
29	5	133	1	4		138	10	5
30	4	137	1	2		140	7	3
31	3	140	0	5		145	8	5
32	4	144	1	4		149	8	5
33	6	150	0	4	1	154	10	4
						累積	315	166
						平均	9.55	5.03

コラム11　待ち行列理論と変動

Factory Physicsの理論を支えているのが待ち行列理論である．図4.3の左図に示す窓口があり，そこでサービスを受ける客からなる系において，客の到着の時間間隔と客が窓口で受けるサービス時間の関係から，窓口の前に待ち行列ができる．客はサービスを受けると系から出ていく．このような系において，CTに相当する平均系内時間，WIPに相当する平均系内数等の挙動を説明するのが待ち行列理論である．到着時間間隔，サービス時間にいずれも変動を伴うからこそ，理論として意味をなすものである．

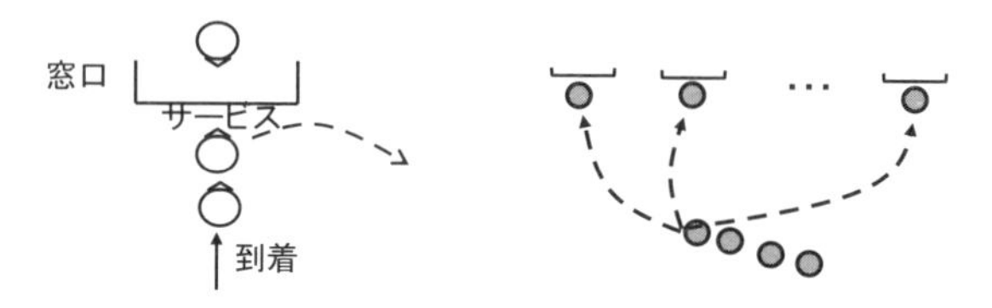

図4.3　待ち行列モデル（左）とリスクプーリング（右）

これらの系の挙動は，到着時間間隔，サービス時間の分布，窓口の数によることから，これらを記述するものとして，ケンドールの記号がある．たとえばM/M/1は，到着時間間隔とサービス時間の分布がいずれもM，すなわち，変動の確率分布として指数分布（exponential distribution）に従い，窓口の数が1個の系を意味する．後述するFactory Physicsの場合には，変動が一般分布を意味するGによってG/G/1，さらに後述するようにプル型の場合にはこれに制限をつけた表記となる．

時間当たりの客の平均到着率（到着人数）をλとすると，その平均到着時間間隔は$1/\lambda$，同様に時間当たりサービス率（退出率）をμとすると，平均サービス時間は$1/\mu$となる．M/M/1の場合には，そのとき，$u=\lambda/\mu$とすると（uは後述の負荷率に対応），

$$平均系内数（WIP）=1/((1-u)$$
$$平均系内時間（CT）=1/(\mu-\lambda)$$

で与えられる．G/G/1の場合にも，両者は$u/(1-u)$の関数になり，図4.2のケース1の場合には$u=1$となるため，対応するWIP, CTは無限大となることがわかる．

なお，図4.3の右図は，現実にもよく見られるフォーク型待ち行列を示し，m個の窓口それぞれに並ぶのではなく，1カ所に行列をつくり随時空いた窓口に進むことで（変動をプール），サービス時間の変動を緩和するリスクプーリング効果をねらったものである（第5章参照）．

話を簡単にするために，表4.1の右側のケース2において，工程2（窓口）に到着するワーク（客）と，工程2で加工されて完了（窓口におけるサービスを受けて退出）するまでの系，すなわちコラム11に対応した待ち行列モデルで考えてみよう．ワークの平均到着時間間隔は5分（時間当たりの到着数である到着率はその逆数の0.2個/分）であり，平均加工時間は4分（時間当たり加工数である加工率は0.25個/分）となる．

時刻5に最初のワークが到着し，時刻154までの149分間に33個のワークが完成していることから，TH＝33/149＝0.22（個/分）である．工程2における累積系内時間（待ち時間＋加工時間）は，表から166分と計算される．33個のワークが完成していることから1個あたりの平均リードタイムCT＝166/33＝5.03分である．また149分の経過時間に対してワークの累積系内時間が166分であることから，平均系内数（待ちまたは加工中のワークの数）であるWIP＝166/149＝1.11個が求まる．そして，この3者の間には，

$$\mathrm{TH} \equiv 33/149 = (166/149)/(166/33) \equiv \mathrm{WIP}/\mathrm{CT}$$

という関係が成り立っていることが確認される．

これより一般的に，Factory Physicsにおいて，根幹となるTH，WIP，CTの3者の間には，待ち行列理論でリトルの公式と呼ばれる，到着時間やサービス時間の分布によらず次の関係が成立することをうかがい知ることができる．

$$\mathrm{TH} = \mathrm{WIP}/\mathrm{CT}$$

すなわち，TH，WIP，CTのうち2者がわかれば，残りの一つが推定できることになる．

Factory Physicsの基本は，このリトルの公式に基づき，CTが大きくても実力に応じた適切なWIPをもつことで，ねらいのTHを確保しようとするものである．

4.3 生産システムの性能評価式

CTへの変動の影響メカニズムを説明する前に，Factory Physicsの立場からリトルの公式を用いた理論的な生産システムの実力を測る性能評価式を紹介しよう．

今，複数の工程からなる生産システムがあり，それを構成する各工程の加工時間の和を T_0 とする．工程全体のリードタイムを CT とすると，T_0 はその下限値である．また工程全体の TH は，一番長い加工時間の工程（ボトルネック）の TH で決まることから，その加工時間の逆数，加工率 r_b で与えられる．したがって，TH を確保するための最低限必要なクリティカル在庫を W_0 とすると，リトルの公式から，

$$W_0 = r_b T_0$$

が与えられる．

ここで w と表記する WIP が与えられたとき，$w \geq W_0$ のときはベストの状態にある TH は r_b であることから，対応する CT はリトルの公式から w/r_b で与えられる．また $w < W_0$ のときにはベストな CT はその下限値である T_0 であり，対応する TH は同様にリトルの公式から w/T_0 である．これを図示したのが，図 4.4 の実線（best と表示）である．

逆にワーストなケースとして TH は，全工程の加工時間の和である T_0 の逆数としての $1/T_0$ が想定され，対応する CT は wT_0 であり，図中に破線（worst と表示）で示されている．これに加えて，Factory Physics ではより現実的なケースとして，w 個の仕掛在庫がランダムに配置されている状況を想定して，一点鎖線で示されているようなプラクティカルワーストケース（pwc と表示）が与えられ，現実のケースは，ベストな実線とプラクティカルワーストケースの一点鎖線で囲まれた領域に位置するとされている．

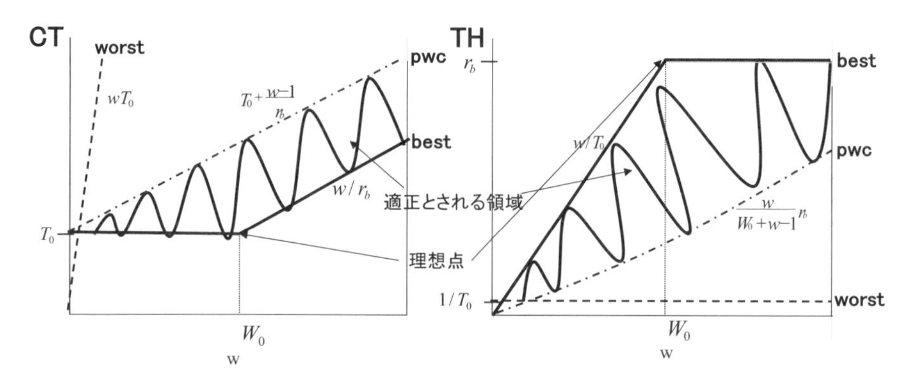

図 4.4　生産システムの TH（右）と CT（左）の性能評価の図式

生産システムの理想は，図 4.4 において w が W_0 で CT が T_0，そして TH が r_b の点である．現状の w, CT, TH を調査し，図 4.4 上に対応する点をプロットし，理想点との距離を測ることによって，そのシステムの実力を評価できる．そして理想に向い改革がどこまで進んでいるかも知ることができ，JIT 改革にも現実的な目標と根拠を与えるものにもなる．

実際例を示そう．A 社の 11 の工程からなるモールド製作の例である．工場の日報から TH と CT を算出でき，また工場を実際に調査することで w を知ることができる．その結果，TH＝3.95 個/日，CT＝6.76 日，そして $w=25.2$ 個が得られた．また全工程の加工時間の和は $T_0=3.62$ 日であり，その中のボトルネックに相当する工程の加工率は $r_b=5.61$ 個/日であった．したがって，このときのクリティカル在庫は，$W_0=r_bT_0=5.61\times3.62=20.3$ 個で求められる．

以上の結果より，まず T_0, r_b, W_0 の値を図 4.4 の CT，TH 双方の best，pwc の式に代入することにより，具体的に best，pwc 領域の図が描ける．次に現状の実力である CT, TH それぞれの点，(25.2, 6.76), (25.2, 3.95) をプロットしたものが図 4.5 である．ベストとプラクティカルワーストのちょうど中間に位置し，悪いとはいえないが，矢印の方向に向けて改革の余地が大きく残されていることも同時に知ることができる．

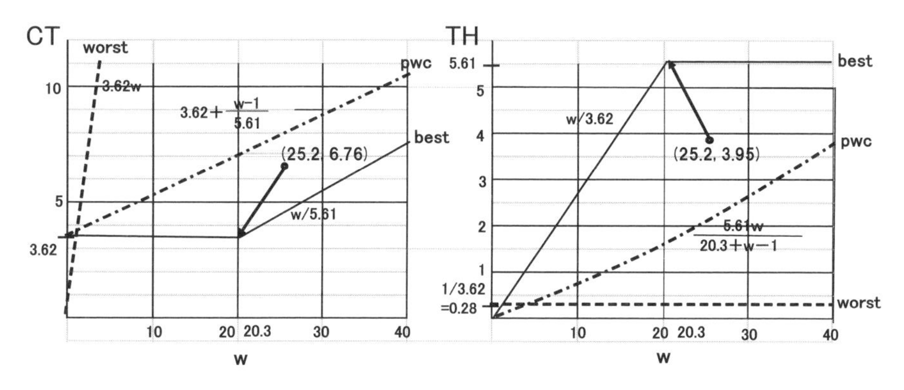

図 4.5 現状の生産システムの性能評価の例

4.4 変動の法則

さて，これからが変動がいかに CT に影響を与えるか，という Factory Physics の本論である．まず記号の定義をしておこう．今，ある工程の 1 個当たり加工時間の自然なばらつきを含めた平均加工時間を t_0，標準偏差を σ_0，変動係数を $c_0=\sigma_0/t_0$ とする．さらに故障や段取替え等の工程の停止の影響を加味した（有効）平均加工時間を t_e，標準偏差を σ_e，その変動係数を c_e としよう（e の添え字は有効，effective の頭文字をとったもの）．このとき，時間当たりの加工率 r_e は，その定義より $r_e=1/t_e$ によって与えられる．

一方，図 4.6 に示すように，この工程に入ってくるワークの平均到着時間間隔を t_a，標準偏差を σ_a，変動係数を c_a，到着率を $r_a=1/t_a$ とする（a の添え字は到着，arrival の頭文字）．このとき到着率と加工率の比である負荷率 u は，$u=r_a/r_e$ または t_e/t_a で与えられる．この u は utilization の頭文字をとったものであるが，到着率に対して加工率が小さいほど u は大きくなり，工程の負荷が高いことから，ここでは負荷率という言葉を用いる．

図 4.6 に示すように，c_e は工程そのものの変動に対応することから，プロセス変動と呼ばれる．これに対してこの工程を出ていく平均退出時間間隔 t_d，標準偏差 σ_d の比である変動係数 $c_d=\sigma_d/t_d$ は，到着と工程双方の変動の伝播から決まることからフロー変動と呼ばれる．

(1) 変動の法則 1：プロセス変動

この待ち行列系は，ケンドールの記号でいえば到着時間，加工時間の変動が一般分布に従う場合で G（または GI)/G/1 と表記され（コラム 11 参照），そのときのワークが到着してから加工が終了するまでのリードタイム CT は，待ち

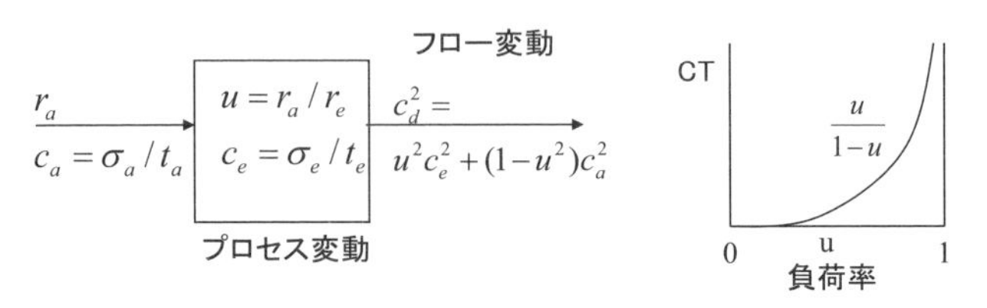

図 4.6　変動にかかわる記号の定義（左）と負荷率 u と CT との関係パターン（右）

行列理論から導かれるキングマンの公式（Kingman, 1962）と呼ばれる上限を与える近似式によって，次のように与えられる．

$$\mathrm{CT}=\left(\frac{c_a^2+c_e^2}{2}\right)\left(\frac{u}{1-u}\right)t_e+t_e$$

これが変動の第1の法則である．すなわち，到着時間，加工時間の変動係数が大きいほどCTは大きくなる．さらに負荷率が大きくなるほど，図4.6の右図に示すような $u/(1-u)$ の効果により，幾何級数的にCTの延長を加速する．コラム11で示したM/M/1の指数分布の場合には，$c_a=c_e=1$ で，$u=t_e/t_a$ であることから，$\mathrm{CT}=1/((1/t_e)-(1/t_a))$ となり，コラムで示した平均系内時間と一致する（この場合，$\mu=1/t_e$，$\lambda=1/t_a$ であることに注意）．

なお．厳密にはFactory Physicsにおけるキングマンの公式とは，上の式の第1項の待ち時間の部分だけを指す．これは変動（variability）と負荷率（utilization），そして加工時間（time）に対応する項の積からなることから，それぞれ頭文字をとってVUT公式とも呼ばれる（以下，本書では上のCTの式をキングマンの公式と呼ぶ）．

図4.2の例題に適用してみよう．まず工程2に着眼すると $t_a=t_1$, $t_e=t_2$ であり，ケース1では $u=t_e/t_a=1$ でありCTは無限大となる．一方，ケース2では $c_a=1/5=0.2$, $c_e=1/4=0.25$, さらに $u=4/5=0.8$ となり，$\mathrm{CT}=4.82$ が得られる．これに工程1の平均加工時間 $t_1=5$ をプラスすることによって，工程1への投入から工程2までのリードタイムは9.82が得られる．表4.1のシミュレーションの平均リードタイム9.55と近い値になっている．

(2) 変動の法則2：フロー変動

工程が複数の場合には，たとえば図4.6の左図の次に工程が存在する場合には，その工程への到着時間間隔，標準偏差，変動係数は，t_d，σ_d，$c_d=\sigma_d/t_d$ で与えられる．ここでフロー変動が登場する．Factory Physicsでは，このフロー変動は近似的に，

$$c_d^2=u^2c_e^2+(1-u^2)c_a^2$$

で与えられている．これが変動の第2の法則である．プロセス変動とこのフロー変動を組み合わせて用いれば，複数の工程からなる生産システム全体の挙動が説明できることになる．

プロセス変動に比べてこのフロー変動の近似は，両者を組み合わせて意味がある経験的なもので，単独では近似精度はあまりよくないようである．より厳密解を求めるには，たとえば $t_a > t_e$ のときには，工程にアイドル状態が生じ（表4.1のケース2の工程2），これに基づく c_d 増幅のメカニズムを組み込む必要があるが，かなり複雑な式となる（江口，2015）．

江口（2015）によれば，フロー変動の挙動として次のような性質が明らかにされている．ボトルネック工程があると，c_d の変動増幅はキャンセルされる．すなわち $c_d = c_e$ となる（上の式で $u=1$ の場合に相当）．また後述する在庫に制限があるプル方式においては，TH を最大化するような WIP をもつとき変動増幅は最小限に抑えられる，というものである．

4.5　故障・段取替えによる変動増幅のメカニズム

工程の停止には，突発故障やチョコ停といった予期できない変動による停止（preemptive outage）と，段取替えや工具交換といった計画的な停止（non-preemptive outage）がある．このような停止があるといずれの場合でも c_e は c_0 から増幅し，平均加工時間も t_0 から t_e へと延長する．そのメカニズムを Factory Physics は定式化している．この増幅や延長を通して，前節のキングマンの公式を介して，リードタイム延長の効果を導くことができる．

(1) 故障の影響メカニズム

まず故障の場合を考えよう．2.2.2項で定義した MTBF（平均故障時間間隔）を m_f，MTTR（平均修復時間）を m_r としたとき，設備稼動率（availability）A は，$A = m_f/(m_f + m_r)$ で与えられる．これらの記号を用いて，t_e，c_e^2 はそれぞれ次のように近似的に与えられる．

$$t_e = \frac{t_0}{A}, \qquad c_e^2 = c_0^2 + A(1-A)\frac{m_r}{t_0}$$

上の右の式の変動の場合は，設備稼動率 A だけでなく，修復時間 m_r によって決まるということが重要である．すなわち同じ設備稼動率であっても，その修復時間が大きいほど，変動が増幅されるということである．

たとえば，$t_0 = 10$ 分で $c_0 = 0.4$ の場合を考えよう．$m_f = 9$ 時間，$m_r = 1$ 時間

といったドカ停，突発故障を想定すると，この場合，$A=0.9$，すなわち設備稼動率90%である．これらを上の式に代入すると，$t_e=11.1$，そして$c_e^2=0.700$が得られる．さらにuを0.95，$c_a=c_e$を仮定し，CTを決めるキングマンの公式に代入すると，CT＝159分が得られる．すなわち正味の加工時間10分のジョブのリードタイムが，最終的にはその16倍まで増幅することがわかる．

同じ条件のもとで，今度は頻発するがすぐ修復できるチョコ停のような状況で，同じ設備稼動率90%の$m_f=9$分，$m_r=1$分の場合を考えよう．t_eは同じであるが，$c_e^2=0.17$が得られる．そしてキングマンの公式から，CT＝47分が得られ，1/3以下に短いリードタイムの延長で済む．チョコ停が起こると人の介在が必要となることから自動化の阻害要因であるが，CTの立場からはドカ停の修復時間を短縮することがまず求められる，という重要な知見を導き出すことができる．

なお，2.2節で述べたOEEにはこのような変動メカニズムは組み込まれていないために，同じOEEでもCTは故障の仕方で異なる．これは次に述べる段取替えでも同様である．

(2)　段取替えの影響メカニズム

次に段取替えのCTへの影響を示しておこう．1回当たり段取時間をt_s，段取替えの間隔であるバッチサイズをN_sとすると，そのときのt_e，そしてc_e^2の近似解は，加工時間の標準偏差σ_eを介して，次のように与えられる．

$$t_e=t_0+\frac{t_s}{N_s},\qquad \sigma_e^2=\sigma_0^2+\frac{N_s-1}{N_s^2}t_s^2,\qquad c_e^2=\frac{\sigma_e^2}{t_e^2}$$

ここで重要なことは，1個当たりの段取時間t_s/N_sが同じでも，σ_e^2の第2項からt_sの影響が大きく，その大きさに比例してσ_e^2が増大するということである．

たとえば，故障の例と同じく$t_0=10$分で$c_0=0.4$（$\sigma_0=4$）とし，$t_s=100$分，$N_s=100$個とすると，$t_e=11$，$\sigma_e^2=4^2+(99/100^2)\times100^2=115$，したがって$c_e^2=115/11^2=0.95$が得られる．$c_a=c_e$，$u$を0.95とすれば，キングマンの公式からCT＝210分が得られ，リードタイムは20倍以上延長される．故障とは異なり段取という計画的な休止であっても，大きく変動が増幅され，結果的にリードタイムを延長させることがわかる．

ちなみに1個当たりの段取時間を同じにして，$t_s=10$分，$N_s=10$個とすると，

$\sigma_e^2=4^2+(9/10^2)\times 10^2=25$，$c_e^2=25/11^2=0.207$ となり，結果的に CT＝54 分が得られ，大幅に短縮される．このように同じ 1 個当たり段取時間でも，常にシングル段取に向けた改善，すなわち段取時間短縮の取組みの重要性がこの例からも推察される．

(3) 故障と段取替えを同時に含むときの影響メカニズム

最後に，(1) と (2) を同時に含むときの変動の増幅はどうなるであろうか．段取替えは定期的に起こるために，(2) の t_e, ${\sigma_e}^2$ の式において，t_0 と σ_0^2 のところにそれぞれ故障を考慮したときの t_e, σ_e^2 に置き換えればよい．すなわち，前者は t_0/A に置き換え，後者については (1) の c_e^2 を，σ_e^2 に変換するために右辺に $t_e^2\equiv t_0^2/A^2$ を乗じることによって，次式が得られる．

$$t_e=\frac{t_0}{A}+\frac{t_s}{N_s}, \qquad \sigma_e^2=\frac{\sigma_0^2}{A^2}+\frac{(1-A)m_r t_0}{A}+\frac{N_s-1}{N_s^2}t_s^2$$

この両式から，故障と段取替えを同時に考慮したときの $c_e^2=\sigma_e^2/t_e^2$ が求まる．

(1), (2) の場合と同様に，$t_0=10$ 分で $c_0=0.4$ の場合を考えよう．$m_f=9$ 時間，$m_r=1$ 時間，段取替えは $t_s=100$ 分，$N_s=100$ 個のときには，まず前半の式から $t_e=10/0.9+100/100=12.1$，そして後半の式から $\sigma_e^2=4^2/0.9^2+0.1\times 60\times 10/0.9+99\times 100^2/100^2=19.7+66.7+99=185.4$ が得られる．これより，$c_e^2=185.4/12.1^2=1.27$，$u=0.95$，$c_a=c_e$ とすると，キングマンの公式から，CT＝304 分が求まる．すなわち，正味の加工時間の 30 倍となる．

一方，同じ設備稼働率で $m_f=9$ 分，$m_r=1$ 分，同じ 1 個当たりの段取時間で $t_s=10$ 分，$N_s=10$ 個のときには，t_e は同じで，$\sigma_e^2=29.8$，$c_e^2=0.20$ となり，最終的に CT＝58.1 分が得られる．

ちなみに，これまでの数値例において，故障も段取替えも 0 とすると，CT はどうなるであろうか．その場合，$t_e=t_0=10$，$c_e=c_a=c_0=0.4$ であるので，キングマンの公式から，CT＝40.4 分が得られる．正味の平均加工時間 10 分に近づけるためには，自然な変動 c_0 を下げるしかない．たとえば，現実でも小さい変動とされる $c_0=0.1$ 程度まで下げることができれば，CT＝11.9 分となり 10 分に近づく．

以上のように，故障 0 を目指した改善活動やシングル段取の取り組みにより，リードタイム短縮が実現される．しかしながら，実際にはその努力には時間がかかり，かつ1個流しの状況ではいくら平準化を図っても，加工時間自体の変動は0にはできない．実際のリードタイム中，2.3.1項で述べたfunction timeの占める割合は著しく小さい．いいかえれば，あらゆる変動をムダとしfunction timeを追求するTPSは永遠の取り組みである．

これに対して，Factory Physicsでは現状の実力を認めた上で理論的に，種々の変動からTHを守るために，変動そのものをなくすというよりも，

①在庫余裕：変動から導かれるCTに対するTH確保のためのリトルの公式に基づくWIPの設定

②能力余裕（負荷率を下げる）：キングマンの公式におけるuを下げることによるCT延長の緩和

③時間余裕：①のCT，すなわちリードタイム延長に対する納期に対する時間的な余裕

以上，3つのバッファの使い分けによって対処されるべきということが主張されている．

コラム12 日本のものづくりの強みの裏側としての非合理性とJITの科学的説明

Factory Physicsを筆者が日本企業に紹介したときに，必ず受けた質問は，「これまでわれわれは，能力に対する負荷率uを100%に近づけることが目標であり，努力してきた．ところがFactory Physicsでは否定されている．どちらが正しいか？」というものである．CTの式からわかるように，uを上げるということはc_aやc_eといった変動がゼロに近いという条件の下で正当化される．実際はゼロに近くてもゼロではなく，その場合uを1に近づけるということは，変動が起こった場合に現場がその火消しに走り回っている状況が頻発しているということで，その代償で成立しているのではなかろうか．それは現場が強い日本では可能であっても，海外では通用しない．

前述したように，これまで理論不在であった生産マネジメントに，Factory Physicsは科学を持ち込むことを企図したものである．現在の生産パラダイムであるリーン，その元祖であるJITあるいはTPSについても，これまで経験論や事例に基づく逸話的な解説がほとんどを占め，一部の特殊な目標追跡法等の運用法の問題を除いて，理論に基づく内容の論理的な説明はされてこなかった．

Factory Physicsを用いることによって，TPSの一つの大きなねらいを外からの変動への対応と内なる変動低減活動として体系化することができる．そして上述

の u を 1 に近づけることの目標も正当化することができる．ここでは，1.4 節，2.3 節で述べた TPS の構成要素，①平準化生産，②標準作業の徹底，③異常の顕在化による強制的体質強化について，それぞれ Factory Physics の変動および負荷率，設備稼動率との関係を考えてみよう．

①平準化生産では，多品種にわたる最終車両組み立てラインにおいて，平準化サイクルの投入間隔を一定にすること，$c_a \to 0$ を目指した外部からの変動の凍結に相当する．②標準作業の徹底では，作業者および作業時間の繰り返しごとのばらつき，すなわち，c_0 を極小化するものであるといいかえることができる．そして，③異常の顕在化による強制的体質強化は，それが設備であれば設備信頼性を高める $A \to 1$ に，段取替えであれば少なくともシングル段取から $t_s \to 0$，そしてあらゆるムダを排除した function time を目指した $c_e \to 0$ に向けた活動と，捉えることができる．

これらを通して工程や設備能力を最大限に活用する負荷率 u を向上する取組みを可能にできるし，リードタイム，WIP を抑えたうえで TH を確保するリーンな体制が実現できることになる．しかしながら，このような強みを活かすためにも，既に述べたように状況や場によって，安易さに陥ることを戒めながら，現状の実力のもとで最適化するという Factory Physics の考え方も併用することが，今求められているのではなかろうか．

4.6　プル型メカニズムの定式化と CONWIP

これまで暗黙のうちに，加工が終われば次の工程にというプッシュ型のシステムを想定してきた．それではかんばん方式に代表されるプル型のシステムはどのようにモデル化されるであろうか．プッシュ型のシステムではボトルネックが存在すると，$u \geq 1$ となることから，人のコントロールがない限りボトルネックの前で WIP は無限大に発散してしまう．ところが，在庫数が制限されるプル型ではこの問題は解消される．

まずプル型の代表としてかんばん方式を定式化してみよう．しかしながら，これは Factory Physics のスコープを超えてしまう．そこで Factory Physics の理論的根拠を与えている Buzacott et al.（1993）に遡りモデル化を試みる．

図 4.7 は，かんばん方式に対応する待ち行列長に制限のある G/G/1/z モデルで，工程への生産指示は，後工程から加工済在庫置き場（ストア）から 1 箱

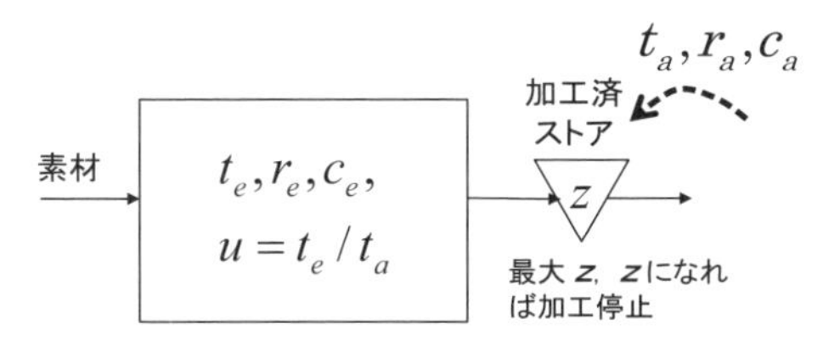

図 4.7　系内の加工中を含む WIP が z 以下となる G/G/1/z モデル

分の WIP を引き取り，かんばんが外れるたびに発生（引き取りの時間間隔は t_a, r_a, c_a），ストアが z（投入かんばん枚数に相当）になると生産はストップ，ブロックされるというモデルである．またストアの WIP がゼロになれば，後工程の引き取りも停止する．

Buzacott et al. (1993) によれば，G/G/1/z の TH は次のように近似的に与えられる．WIP に制限のない G/G/1 における平均系内数を $\hat{N}$ とすると，そのときの TH は後工程からのかんばんの到着率 $r_a \equiv 1/t_a$ であり，$\hat{N}$ は前節のキングマン，リトルの両公式と，$u = t_e/t_a$ という関係から，

$$\hat{N} \approx r_a\left\{\left(\frac{c_a^2 + c_e^2}{2}\right)\left(\frac{u}{1-u}\right)t_e + t_e\right\} = \left(\frac{c_a^2 + c_e^2}{2}\right)\left(\frac{u^2}{1-u}\right) + u$$

となる．この $\hat{N}$ から $\rho = (\hat{N} - u)/\hat{N}$ を定義する．これは負荷率 $u<1$ のときであり，$u>1$ の場合には，上の $\hat{N}$，ρ のそれぞれの式において，$u \to 1/u$ に置き換え，さらに ρ についてはその逆数で定義される．

以上のような $\hat{N}$，ρ を用いると，G/G/1/z の系内数 n の確率分布 $p(n)$ は，

$$p(n) \approx \begin{cases} \dfrac{1-u}{1-u^2\rho^{z-1}} & n=0 \\[2ex] \dfrac{u(1-\rho)\rho^{n-1}}{1-u^2\rho^{z-1}} & n=1, \cdots, z-1 \\[2ex] \dfrac{(1-u)u\rho^{z-1}}{1-u^2\rho^{z-1}} & n=z \end{cases}$$

によって与えられる．最終的に G/G/1/z の TH の近似値は，$n=z$ のときに工程はストップすることから，r_a に 1 からその確率を引いた確率を乗じることによって，

$$\mathrm{TH} \approx r_a\{1 - p(z)\} = \frac{1-u\rho^{z-1}}{1-u^2\rho^{z-1}}\, r_a$$

としてTHが求められる．すなわち，$p(z)>0$であることから，WIPが制限のないときのTH，r_aに近づけるためには，ある程度の大きさのかんばん枚数zが必要であることがわかる．

数値例を少しだけ示しておこう．$t_a=12$分，すなわち，$r_a=5$個/時間，$c_a=0.1$，$t_e=10$分，$c_e=0.2$としよう．このとき$u=10/12=0.833$であり，上の式より$\hat{N}=0.937$，そして$\rho=0.111$が求まる．そしてTHの近似式において，かんばん枚数を，$z=1, 2, 3$とすると，それぞれTH＝2.73，4.91，4.99個/時間が得られる．これよりWIPに制限のない場合の$r_a=5$個/時間に近づけるためには，かんばん枚数が少なくとも2枚以上必要なことがわかる．

このような複雑な定式化をしたのは，かんばん方式の説明を意図したものではなく，次に述べるCONWIPに説明につなぐためである．何度も述べたように，かんばん方式の運用には，TPS，JITの本質である変動低減活動が不可欠であり，そのためのハードルは高い．

そこで，Factory Physicsでは，図4.8に示すようなワークが1個最終工程M3で完成すると（かんばんに相当するカードが外れ），先頭工程に1個材料を投入することで，工程全体でWIP（仕掛在庫）を一定に保つCONWIP（constant work in process）と呼ばれる方式の活用が推奨されている．これはプル方式であるかんばん方式の簡易版ともいえるが，製品群や部品群に対しても適用できるというメリットをもつ．かんばん方式を導入する前の段階で，経験的に日本でも現実に広く使われている有用な方法である．

加えて，CONWIPは，後述するようにIoTの時代の最適なコントロール方式として期待される．そこで，ボトルネック工程に着眼したCONWIPの定式化，

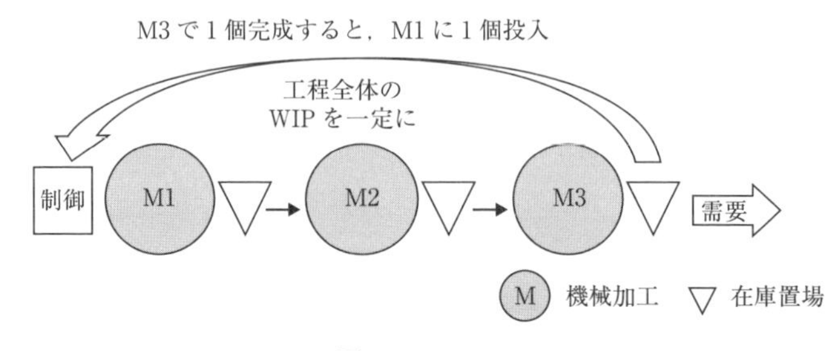

図4.8　CONWIP

および一定にする WIP の適正な決定法を紹介しておこう（水野ら，2015）．複数の工程の中で平均有効加工時間が最大となる工程をボトルネックとして，その平均有効加工時間を t_b と表記しよう．

CONWIP 全体の TH はボトルネックの加工率 $1/t_b$ 以上にはならず，WIP を w とすると，ある適正 WIP 数以上の w をもつと，$1/t_b$ に収束するはずである．そしてそのとき w の多くはボトルネックの前に溜まるはずであり，加工中を含めたボトルネック前の平均 WIP 数 z は，$z=w-$（ボトルネック以外の平均 WIP 数）で与えられる．一方，非ボトルネック工程 j には待ちはほとんどないと考えられることから（次節のシミュレーションでその事実が確認できる），平均 WIP 数は，

$$(\text{工程}\,j\,\text{が加工中})\times 1+[1-P(\text{工程}\,j\,\text{が加工中})]\times 0=u_j$$

で与えられる．ここに u_j は，工程 j が加工中の確率であり，負荷率 t_j/t_b である．

以上のことから近似的に，

$$z=w-\sum_{j\neq b}\frac{t_j}{t_b}$$

を求めることができる．この z を用いて，先ほどの G/G/1/z モデルをボトルネック工程に適用することによって（図 4.7 との対応でいえば，工程がボトルネックで $t_e=t_b$，$u=t_b/t_a$），CONWIP ラインの w を与えたときの TH の近似値を，上の式から求めることができる．

それでは適正 WIP はどのように求めればよいだろうか．ボトルネックの平均有効加工時間 t_b が与えられたもとで TH の上限は $1/t_b$ であり，これを達成するために必要な WIP 数の下限値は，4.3 節のクリティカル在庫 W_0 が参照点となる．すなわち $W_0=T_0/t_\mathrm{b}$ である．これを出発点として w を 1 個ずつ増やし，$1/t_b$ に近づく最小の w を適正 WIP とすればよいことになる．この収束は案外速い．

例を用いて示そう．たとえば，3 工程で $t_b=11$ 分，非ボトルネックは $t=10$ 分（$c=0.1$ で共通，すなわち $c_a=c_b=0.1$）のとき，$T_0=31$ であるので，TH の上限は 1/11，0.0909 個/分（時間当たり換算で 5.45 個/時間），このとき $W_0=31/11=2.82$ が得られる．そこで，$w=3$ からはじめると，上の z を求める式から，$z=3-10/11-10/11=1.182$ が得られる．

$u=t_b/t_a=t_b/t=11/10$ であり，$u>1$ であることに注意してこれらを上述のかんばん方式における $\hat{N}$ を求める式に代入すると $\hat{N}=0.9998$，そして次に $\rho=0.0908$ の逆数として $\rho=11.01$ が得られる．最後に $z=1.182$ として，$r_a\equiv1/t=1/10=0.1$ を上述の TH の式に $\rho=11.01$，$u=1.1$ とともに代入することにより，TH＝0.0805 個/分（4.83 個/時間）が得られる（z は整数である必要はない）．

これらを一度計算すると，後は w そして z だけを変えて TH が求まる．この場合まだ上限値とは差があるので，次に 1 個だけ増やして $w=4$ とすると $z=2.182$ であり，今度は，TH＝0.0904 分/個（5.43 個/時間）でほぼ上限値に近づく．ちなみにさらに w を 1 だけ増やして $w=5$ とすると，TH＝0.0909 個/分（5.45 個/分）となり上限値に一致する．したがって，この例での適正 WIP 数は，4 個または 5 個として求まる．

表 4.2 は，CONWIP における w を与えたときの TH の上述の方法によるボトルネックに着眼した近似解と，その精度を確認するために，Visual SLAM（AweSIM）Ver. 3.02 を用いてシミュレーションによる真値を比較したものであり，上述する TH を最大化するための w の求める手順の収束の速さを確認したものである．各実験条件において 11 万時間のシミュレーションを実施し，最初の 1 万時間を除いた 10 万時間の統計値を真値とした．No. 1 の実験条件が上述の $w=3$ からスタートして，TH を最大にする w として $w=4$ または 5 を

表 4.2　CONWIP における TH の近似解とシミュレーションによる精度の確認

No.	t_b	c	$w=3$		$w=4$		$w=5$		$w=6$	
			近似解	真値	近似解	真値	近似解	真値	近似解	真値
1	11	0.1	4.83	5.36	5.43	5.45	5.45	5.45	5.45	5.45
2		0.2	4.40	5.07	5.33	5.40	5.42	5.45	5.45	5.45
3	$W_0=2.81$	0.5	3.55	4.33	4.77	4.79	5.10	5.02	5.24	5.16
4		1.0	3.09	3.60	3.91	3.98	4.34	4.23	4.60	4.41
5		1.5	2.97	3.21	3.46	3.52	3.80	3.74	4.05	3.91
6	15	0.1	3.93	4.00	4.00	4.00	4.00	4.00	4.00	4.00
7		0.2	3.83	3.99	3.99	4.00	4.00	4.00	4.00	4.00
8	$W_0=2.33$	0.5	3.46	3.67	3.85	3.90	3.95	3.97	3.98	3.99
9		1.0	2.97	3.12	3.42	3.40	3.64	3.59	3.78	3.71
10		1.5	2.73	2.79	3.07	3.04	3.30	3.23	3.46	3.36

得た例に相当する．

この表より，近似精度としては，CONWIP における TH の上限付近では，高い精度をもつことがわかる．これは，適当な w を与えて近似解を計算し，その前後の w で値が変わらなければ，それが上限の TH ということを意味し，逆に w を小さくしていき，TH が下がる手前の w を適正 WIP とすればよい．一方，収束速度は，変動係数 c が小さいときにはきわめて速い．c が 1 以上という大きな値になると遅くなるが，通常は 1 未満であることからあまり問題にならない．また表にはボトルネックの平均有効加工時間が 15 の場合も掲げてあるが，当然のことながら収束速度も速まる．

以上，少し難解な数式まで持ち込んで解説したが，これは次節で示すように CONWIP が工程全体のコントロール方式として，プッシュ型やかんばん方式に比べて優れ，最適性をもつからである．

4.7　CONWIP は，ライン全体の最適なコントロール方式

これまで述べてきたように，プッシュ型ではキングマンの公式，プル型では G/G/1/z に基づく方式と，それぞれフロー変動の法則（近似に問題があるが）を組み合わせることによって（CONWIP の場合はフロー変動の式を使う必要はない），ライン全体，すなわち生産システムの挙動が理論的にも記述できる．

そこで同じ条件で，プッシュ，かんばん方式，そして CONWIP の 3 者の挙動を比較してみよう．ただしここでは正確を期すために，前節と同様な，Visual SLAM（AweSIM）Ver. 3.02 による 10 万時間のシミュレーションによる結果のみ示す．

5 工程からなるラインで，ボトルネックの平均有効加工時間は $t_b = 21$ 分で，それ以外は $t_e = 20$ 分としよう．変動係数は 5 工程ともに $c = 0.1$ である場合を考えよう．このような条件下で，プッシュ（push），かんばん方式（JIT），そして CONWIP の運用を想定しよう．このとき全工程の最大の TH は，ボトルネックの加工率 $1/t_b$，すなわち $1/21 = 0.0476$ 個/分，2.86 個/時間であり，JIT，CONWIP の場合には，前節までに示したこの TH に収束するような最小の z と w に，それぞれ設定したものが用いてある．なお，プッシュの場合に

	CT	TH	WIP
push	170074	2.86	8099
JIT（$z=3$）	166	2.86	7.90
CONWIP（$w=6$）	126	2.86	6.00

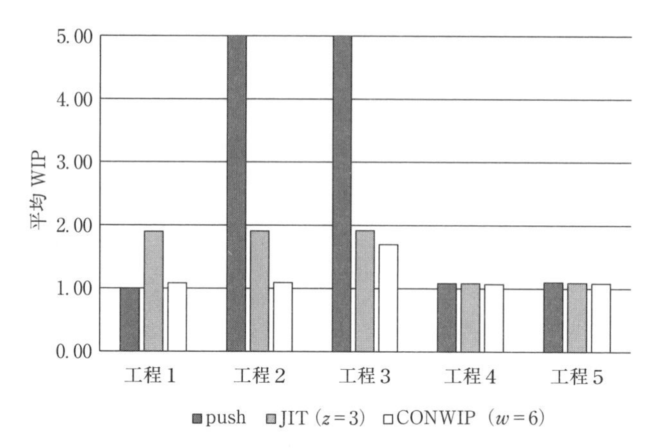

図4.9　ボトルネックが工程3にあるときの同一THを与える性能比較

は先頭工程の工程1は常に稼動するような設定にした．

図4.9は，ボトルネックが工程3にあるときの3つの方式の性能を示したものである．上の表はCT（平均リードタイム：分），TH（個/時間），WIP（加工中を含むライン全体のワーク数：個）を示す．プルの場合には上限値のTHに達する適正なパラメータとして，JITのzは3，CONWIPのwは6であった．同じTHに対して，プッシュの場合にはCT，WIPは，在庫に制限を加えるJIT，CONWIPに比べてはるかに大きな値となっている．またJITとCONWIPを比較すると，CONWIPの方がCT，WIPも小さくなっている．特にCTについては，$T_0=101$に近い値になっている．

もう少し詳しい挙動を見てみよう．図4.9の下図は，各方式における各工程の前と加工中の平均WIPを示したものである（工程1のみ加工中のみ）．この場合ボトルネックは工程3で，4.4節で述べたようにフロー変動がキャンセルされて，工程4以降の平均WIPは3方式ともに安定している．

一方，ボトルネック前の平均WIPについては，大きく挙動が異なる．プッシュの場合には，工程前のWIPの増加が前工程に伝播している．JITの場合

	CT	TH	WIP
push	170209	2.86	8105
JIT ($z=3$)	200	2.86	9.52
CONWIP ($w=6$)	126	2.86	6.00

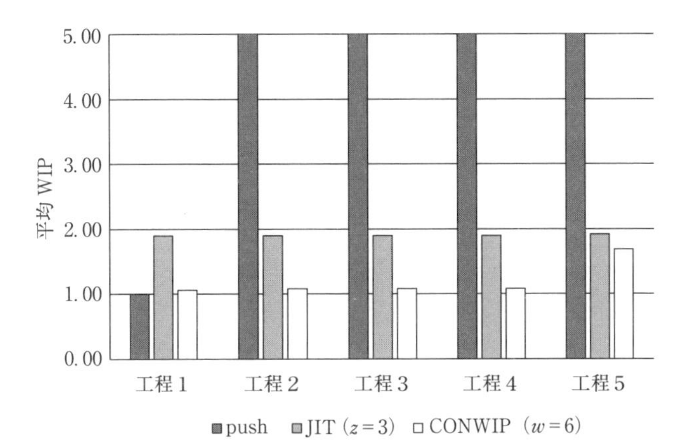

図 4.10 ボトルネックが工程 5 にあるときの同一 TH を与える性能比較

には WIP は抑えられているが，ボトルネックでの増加は前工程でも同じ水準に保たれている．これに対して，CONWIP の場合には，ボトルネックの前の WIP も JIT より若干抑えられているだけでなく，その前工程ではボトルネックの後の平均 WIP の水準に戻るというコントロールのメカニズムが作用している．これが同じ TH に対して CONWIP が最小の CT や WIP を実現している理由である．

それでは，同じ条件下でボトルネックが工程 3 から工程 5 に移った場合はどうだろうか．その結果を示したものが図 4.10 である．JIT の場合には，ボトルネックの影響が前工程まで伝播するために，CT，WIP ともに工程 3 にボトルネックがある場合に比べて増加している．これに対して，CONWIP の場合には，図 4.10 の下図からもわかるように，ボトルネックである工程 5 の前だけその稼働を妨げないように他工程より若干多めの WIP をもち，他工程では少ない WIP に抑えるという，TH を最大化するのに最適な状況を維持していることがわかる．

以上のような CONWIP の挙動は，工程 5 だけでなくどこにボトルネックがあっても同じである．さらにボトルネックの平均有効加工時間や変動係数の値を変えても，この特徴は維持される．ようするに，CONWIP はライン全体の w が一定の中で，TH を最大化するようにボトルネックの稼動を妨げずに（その前だけ多めの在庫をもつ），一方でムダな在庫を排除するよう，自動的に w を配分するような全体最適を実現する“変動”の調整機能をもつということである．むろん，かんばん方式と同じように，w を下げることによって変動低減活動を刺激することも可能である．

第 1 章で述べたように，IoT の状況，あるいはスマート工場では，全体の在庫の配置や総量を“見える化”できる状況が生まれている．しかも，ボトルネックは動く．そのような状況で CONWIP を運用することは，簡便で全体最適を実現する武器を与えるともいえる．同時に w を調整することで，突然のトラブルが起きたときに TH を落とさない即座の対応を可能にし，逆に w を下げることで変動低減活動をも支援することも可能である．

このような CONWIP の考え方は，生産システムだけでなく，サプライチェーン全体の最適化にも結び付く．少なくともサプライチェーン全体で在庫を一定にするというシステムは，1.5 節の図 1.11 に示したブルウィップ効果を抑制することができる．加えて刻々と動くボトルネックに対しての自動的な適正な在庫配分がなされる．

以上，Factory Physics およびそれを少し超えた考え方，手法を紹介したが，現在，そしてこれからは第 2 章の変動低減活動だけでは競争力は保てない．IoT というすべてのものを繋ぎ，そこから最適化や価値創造が求められている時代，また変動低減活動の強みを活かして経営成果に結びつけるためにも，Factory Physics が教える変動の考え方と変動を認めた上での科学的な最適化アプローチが必要な時代になっている．

戦 略 的 SCM

5.1 経営の柱としての SCM の全体フレームワーク

第 1 章で述べたように，SCM は内なる変動に加えて図 1.12 に示した，様々な外からの変動あるいはリスクに対応するためのマネジメントである．その中で特に需要変動に対する迅速な対応，すなわち過剰な在庫をもつことなしに，一方で在庫がないために売り逃す，機会損失を同時になくすという売上増大，コスト低減を目指した活動がその中核を担う．そのためには，変動の源泉である最終需要をリアルタイムで把握し，その変動に調達から生産，物流，販売までのサプライチェーン全体を“見える化”（visibility）して同期化させることが求められる．そのための武器が IT であり，その活用が安価にできるようになった 1990 年代後半をその起源とする（コラム 13 参照）．

SCM を構成する理論は，あらゆる変動の存在を認識しそれを見える化するしくみを整備した上で，影響を緩和あるいは変動そのものを削減，価値創造に転換すべき戦略からなっている．図 5.1 は，その全体フレームワークを示したものである．

左側の“サプライチェーンの困難度”とは，たとえば，サプライチェーン全体の機会損失を一定にしたときに必要となる在庫，あるいは在庫を一定にしたときの機会損失の大きさ，を意味し，それらは右側の変動の存在とその増幅メカニズムに比例して大きくなることを示している．

そして右側は，最終需要の変動（“変動”），サプライチェーンを構成する情

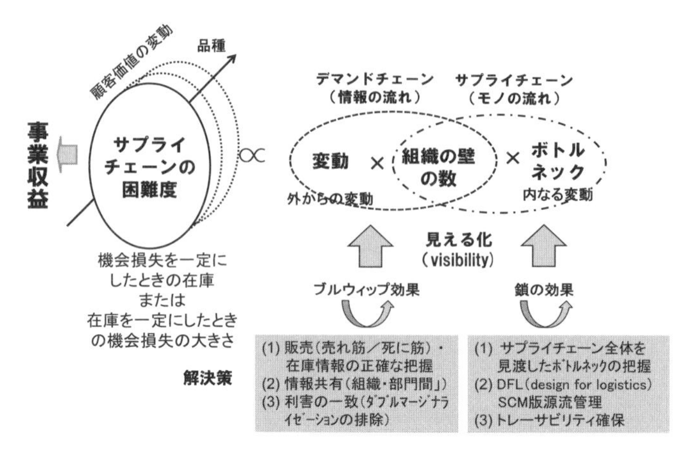

図 5.1　SCM を困難にするメカニズムとそのための方策の体系

報共有や連携関係のない組織の数（“組織の壁の数”），そしてサプライチェーンを構成するボトルネックの内なる変動によるリードタイムの延長（多段階から構成されるサプライチェーンにおいて全体のスピードを決めるボトルネックのリードタイムという意味で“ボトルネック”）の3つの要素からなり，概念的にはそれらの“掛け算”によって困難度は決まる．この掛け算の構造であるということが重要で，見える化や情報共有によって，掛け算の構造を足し算的にすることがSCMの神髄である．またこの掛け算構造の中で，“変動”と“組織の壁の数”の組合せは情報の流れに相当し，デマンドチェーンと呼ばれるものである．また“組織の壁の数”と“ボトルネック”の組合せは，モノの流れであり，狭義のサプライチェーンに相当するものである．

図には情報の流れ，モノの流れ，それぞれの立場から，困難度を軽減し価値創造に転換するための戦略・解決策が記載してある．個々については次節以降で解説する．さらに，図5.1の左には斜めの矢印と点線で囲みが描いてある．これは同様の構造が製品グループ，品種ごとに存在することを示したものである．特にグローバル市場を対象とする場合には，需要変動という量の変動から，それを決める市場ごとの顧客価値の違い，変動を起点としたマーケティングや設計開発と連携した上での価値創造活動が，事業収益（operating revenue）に大きな影響を与える．

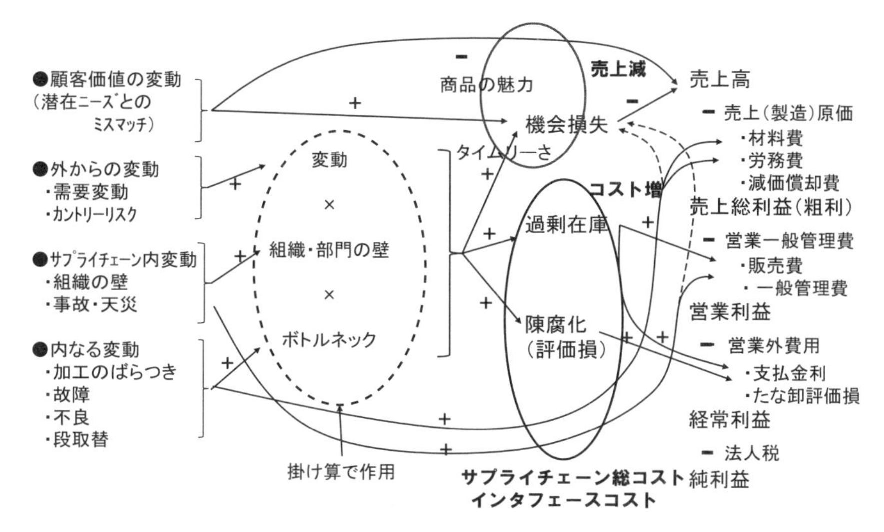

図 5.2　SCM を困難にするリスク（変動）の事業収益への影響の概念図

1.5 節（3）で述べたように，日本企業の弱点である生産管理，在庫管理の延長としての SCM から，マーケティングと一体となった事業収益を最大化することが，現在の SCM のミッションといえる．その意味で本章のタイトルも，戦略的 SCM としてある．

それでは，これまで述べてきたような変動・リスクは，企業の ROA や収益にどのように関係するのであろうか．残念ながら，現行の財務会計はむろんのこと，管理会計でもこれを説明するメカニズムは与えられていない．

図 5.2 は，内なる変動，外からの変動が具体的にどのようにサプライチェーン全体の損益に影響を与えるかの概念図を示したものである．左に変動・リスク（図 1.12 の変動について，損益との関係から分類を変えてあることに注意），そして右に企業の損益計算のしくみを掲げ，その中間に図 5.1 の掛け算構造を配置して，それを介した損益への影響も同時に示してある．

まず，顧客価値の変動については，グローバルに多様化した顧客価値とミスマッチを起こすことで売上を減じることにつながる．逆にそれを的確にとらえ顧客満足を勝ち取ることによって，直接的に売上増に結びつく．その上乗せ分は固定費的な売上原価に対してほぼそのまま売上総利益（gross profit）に結びつく．同時にマーケティング力と連動した新商品開発により潜在ニーズを掘り起こし機会損失を減じることで，同じ効果が得られる．

その下の3つの変動のうち外からの変動の影響については，次節で述べるブルウィップ効果あるいは図5.1で示した他の2つの変動との掛け算構造での影響を考える必要がある．増幅化された変動の大きさに比例して，機会損失を生む一方で過剰在庫を生み出す．機会損失は上述の売上，売上総利益減に直結し，過剰在庫はその管理のための販売費を膨らませて営業利益を減じる．さらに在庫は価値を生まない一方，そこに投資した資金の少なくとも支払金利分の営業外費用を発生させる．それ以上に変化の時代には過剰在庫は陳腐化（obsolescence）に晒され，時価会計（market value accounting）の下でたな卸評価損を発生させ，経常利益を大きく減じてしまう．

次に，サプライチェーン内での変動，特に組織の壁に関連したインタフェースコストという用語がある．これは生産，販売，物流のサプライチェーンを経て顧客に渡るまで，運賃等の物流費に加えて在庫管理や受発注等の情報処理のコストを加えたものであり，現状ではマージンを除いた売価の25%，輸入品では35%を占めるといわれる．

このような大きな割合を占めるのは，サプライチェーンにわたり組織や部門間で情報の共有や一元化ができていないために，様々なオペレーションや情報処理のダブルハンドリング（double handling）を生じさせていることによる．このように販売費や一般管理費には，目に見えない様々な不効率のコストが含まれており，適正なSCMを構築することで利益増大のための“宝の山”が隠されている．

最後に，故障や不良等の内なる変動は材料費や労務費，そして製造間接費を増加させ売上総利益を減じる．また，前章で述べたように内なる変動自体が生産リードタイムを延長させ，販売費や一般管理費も増加，さらに機会損失にもつながる．

以上のような機会損失に伴う売上減，リードタイム延長やダブルハンドリング等に伴うコスト増は，サプライチェーン全体を見渡す視点がなければ，“見えない”収益やコストである．このようにSCMは，これまで見えてなかった売上を最大限に増やす一方，変動の発生や増幅を情報共有し，見える化やリードタイム短縮で最小限に抑えることで，サプライチェーン総コスト，すなわち，製品の計画，調達，生産と物流業務等にかかる総コストを最小限に抑えることで，事業収益やROAを最大化するものである．

なお，これまでサプライチェーン全体での損益に与える影響について述べてきたが，自社に直接関係なくてもwin-winの立場から売上増やコスト削減を図ることで，間接的に自社の収益を上げることができる．逆に自社のみの損益を考えるのであれば，力関係でリスクや変動を川上の組織に押し付けることで収益を上げることもできるが，現在はサプライチェーン間の競争で，それは短期的であり，やがては競争に負けるであろう．

コラム13　SCMに関連したバズワードの氾濫

1990年代後半から2000年代初めにかけて，SCMという概念が登場，ブームになるとともに米国発のバズワードともいえるSCMに関連した用語が，日本でも喧伝された．いずれもIT活用をベースとした新たなビジネスモデルを指すものであるが，大きく3つに分類される．

まずは業界ぐるみのモデルである．ECR（efficient customer response）は，ウォルマートを筆頭とする加工食品業界の取り組みであり，顧客のニーズに迅速に対応するための従来の大量仕入れによるコスト追求モデルからの脱却を目指したものである．IT活用とビジネスモデル改革のためのベンチマーキングツールであるECRスコアカードが知られている．QR（quick response）はアパレル業界の同様な取り組みである．またBTO（built to order），CTO（configure to order）は，SCMの先駆者とされるPC業界のデルモデルで，ネットで仕様を受注し生産・販売するもので，部品メーカーとは後述のVMIが用いられる．

第二に，情報共有をベースとする汎用モデルである．まずCRP（continuous replenishment planning）は，小売と商品を供給するベンダー側で需要情報を共有し，小売の在庫を一定にする協定のもとで，小売にかわりベンダー側が在庫の補充を担うモデルである．またVMI（vendor managed inventory）は，CRPにおける在庫水準もベンダー側が責任を担うものである．RMI（retailer managed inventory）は有力な小売が，在庫を含めたサプライチェーンをコントロールするモデルをいう．なお，VMIの在庫は，商品や部品を供給するベンダー側の在庫であり，在庫リスクの押しつけという側面もある．

3番目が，荷主でもなく買い手でもない第3者が，荷主の在庫や輸配送の情報コーディネータの役割を果たす3PL（3rd party logistics）である．アセット系と呼ばれる輸送手段をもつ物流事業者だけでなく，ノンアセット系と呼ばれる輸送手段をもたない商社等の多くの事業者が参入している．その中で傘下に他の3PLも使いながら，荷主の SCM を一括して受託するようなプレーヤーは，4PL あるいは最近では LLP（lead logistics provider）という言葉も用いられるようになってきた．

最後に CPFR（collaborative planning forecasting & replenishment）とは，小売・ベンダー間で実需や在庫の情報共有に加え，双方における将来の販売計画や生産計画を共有した上での連携活動をいう．いくら現在の情報を共有しても対応には時間を要することから，CPFR こそ SCM にとって本来的な対応モデルであるといえる．

5.2 ブルウィップ効果とその解消

図 5.1 の“変動”×“組織の壁の数”における情報の流れでよく知られた現象が，ブルウィップ（bullwhip：牛うつ鞭）効果である（たとえば Simchi-Levi et al., 2000）．図 5.3 の下図に示すようなメーカー，販社，小売店からなるサプライチェーンを考えよう．最終需要（実需）に変動が起こると，品切れと過剰在庫のリスク回避のために小売店は変動を加速するような量を販社に発注する．たとえば品切れを防ぐために日々の需要の 2 倍の在庫をもつような発注ポリシーをとるときの挙動を考えよう（補充リードタイムは 1 日とする）．

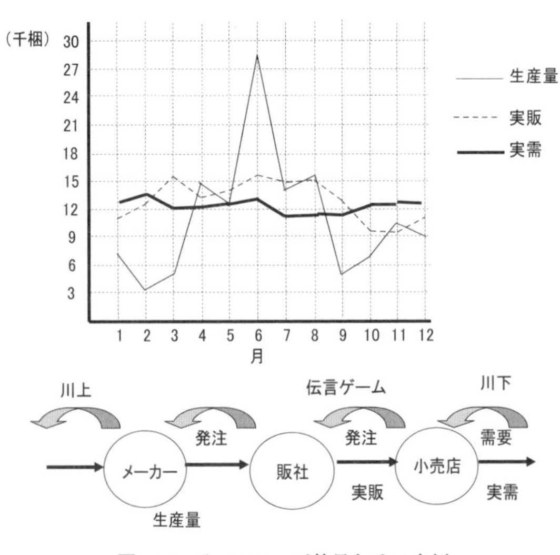

図 5.3 ブルウィップ効果とその実例

需要が10個で在庫20個をもつように毎日10個の発注をしていたところ，需要が10個から12個に変化したとしよう．するとその日の終わりの在庫は8個となる．一方，需要の2倍，24個の在庫をもつために発注量は（24－8）＝16個となる．翌日16個入荷したときの在庫は24個，需要は9個であったとする．その日の終わりの在庫は24－9＝15個となり，発注量は2×9－16＝2個に激減してしまう．このように最終需要の10個，12個，9個という変動に対して，川上への発注量は10個から16個，2個と大きく変動が増幅する．

さらに川上の販社にとって実需が見えない状況で（組織の壁），小売店からの発注情報，すなわち販社への増幅された需要変動は，同じメカニズムでメーカーへの発注情報としてさらに増幅されてメーカーに伝播される．もしこれが補充リードタイムを1日でなく2日にすれば，発注量の変動はさらに増幅する（系統的数値例は圓川（2009）参照）．これが掛け算構造の理由である．

図5.3のグラフは，ある日用品の実際の例を示したものである．実需（太線）の変動は少ないにもかかわらず，小売からの発注に対応する販社の実販（破線）はかなり大きく変動し，販社からの発注情報に基づくメーカーの生産量（細線）はさらに大きく増幅している．このような大きな変動は，あるときは過剰在庫，またあるときは在庫不足で品切れやムダな横持ち輸送等を生じさせる等，サプライチェーン全体で大きな不効率を生み出している．これは極端な例と思われがちであるが，見えないだけであらゆるところで起こっている現象である．

これを防ぐには組織の壁を越えて，まず実需情報の共有を図ることである．現在では小売のPOS情報が公開されている事例が多いにもかかわらず，メーカーあるいはベンダー側がそれを活用するためのデータの標準化がなされていない等の問題により，残念ながらうまく活用できていない状況にある．また上記のような自然な変動の増幅に加えて，たとえば，小売店で販促のイベントによる大量発注等が加わる．この情報は事前に小売店と販社やメーカー等の川上との共有が可能であり，それができれば効果は大きい．

さらにもう一つ，変動の増幅を加速している要因として，前述の数値例でもふれたようにモノの流れの中のボトルネック，補充リードタイムの長さがあり，その大きさに比例してさらに増幅を加速する．ここでリードタイムというのは，

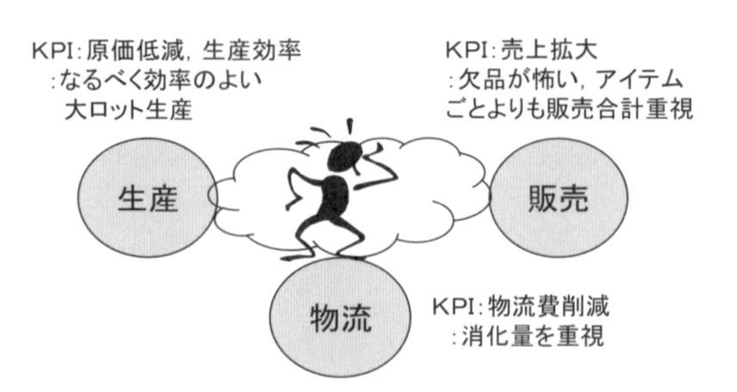

図 5.4 組織内でも起こるブルウィップ効果

実際に補充に要している時間というよりも，補充のサイクルの長さが問題になることが多い．たとえばある品目について生産は1日でできても，その品目の生産のサイクルが1週間に1回であれば，顧客側から見ればリードタイムは1週間となる．

サイクルあるいは1回当たりの補充ロットサイズを決めているのは，たとえばコラム8で紹介したEOQを決めている1回当たりの発注（段取）コストAであり，これを下げることによる小ロット化・多サイクル化が決め手となる．そのための方策が，生産では1.4節（2）で述べたシングル段取化であり，輸配送ではコラム14で紹介する対応である．

ブルウィップ効果は同一組織内でも起こる．図5.4に示すように，品目ごとよりも販売合計を気にして欠品を恐れる“販売”，大ロットでなるべく原価低減，生産効率を優先させたい“生産”，その間で物流費削減と消化量を重視する“物流”，それぞれの思惑が交錯すると，実際の店頭での消化量（実需）に比べ，毎年同じようなパターンで生産量は大きく変動が増幅する実例を見ることがある．これを防ぐには，販売，生産，物流の各部門が，需給計画や製販会議で，生産や在庫そしてできれば実需の推移も見られるダッシュボードと呼ばれるような画面を介して情報共有し，共通認識を醸成することが有効な方策である．

コラム14　輸配送の多サイクル化とプラットフォーム化

効率（積載効率）を維持しながら多頻度小口の輸配送を行うには，距離が短い範囲でのミルクラン(milk-run)方式と，長い場合のクロスドッキング(cross-docking)方式が知られている．巡回混載とも呼ばれるミルクラン方式は，工場への部品の集荷でいえば，牛乳の配送と空き瓶の集荷のように，1台のトラックで少量の部品を混載により部品工場を巡回して集荷する方法である．一方，距離が長いクロスドッキング方式の場合には，途中に配送センターを設置し，工場から配送センターには満載で大量に輸送し，配送センターでたとえば小売店ごとに品揃えし，小型トラックで混載により配送する方式である．

一方，環境負荷低減のためにも重要な施策が，帰り便（back hauling）の活用である．いくら行きは混載により輸送しても，帰りが空荷であれば効果が少ない．この帰り便の活用のためには，異業種との連携による荷の確保や，共同配送の取り組みが必要となってくる．しかしながら，これまで共同配送の取り組みは多く行われてきたが，必ずしもうまくいっていない．理由としては，運ぶ荷や環境の変化の中で，IT投資も含めてダイナミックにそれらの変化に対応するためのリーダーの役割を担う主体の不在があげられる．

今，そのような役割を担うリーダー企業が出現してきている．リーダー企業がITに投資した上で上述の方策を実現するプラットフォームを用意し，運ぶ荷物の季節変動や，軽い・重い荷物を組み合わせることで，参加企業間でwin-winの効率化メリットを享受しようというものである．

5.3 変動増幅を抑え込むための計画・管理システム

(1) エシェロン在庫の把握

外からの変動，需要変動に対して，組織・部門の壁，ボトルネックのリードタイムの掛け算的な対応が求められることを，必要在庫という観点から考えてみよう．コラム8で紹介したように，1段階のシステム（たとえば小売店）において需要の変動σで補充リードタイムがLTのとき，必要な安全在庫は$k\sqrt{LT}\sigma$で与えられる．この式の要素を入れ替えれば，

$$k \cdot \sigma \cdot 1 \cdot \sqrt{LT}$$

と表現できる．図5.1の右側の式と対応させれば，変動（σ）×組織の壁（1）×ボトルネック（LT）となる．

サプライチェーンで情報共有のない場合には，図5.3に示したように，川上に遡るにつれて変動が増幅するメカニズムは，たとえば2段階のシステムの場合には$\sigma \cdot 2$，そしてLTは川上の補充リードタイムあるいは補充サイクルに置き換わり，通常それはLTよりも大きい．このように変動とともに変動にボ

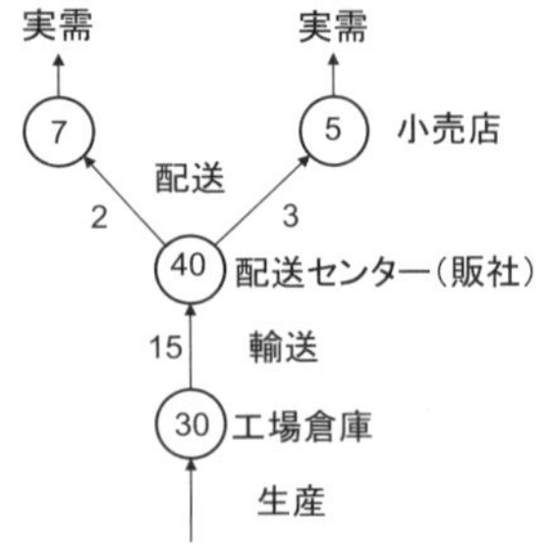

図 5.5　情報共有，意思決定の異なる 3 種類のサプライチェーン

トルネックのリードタイム（厳密にはその平方根）に比例して，安全在庫も増幅するというメカニズムが説明できる．より具体的にそれをシミュレーションによる数値例で示したものは圓川（2015）を参照されたい．

必要在庫の増大を防ぐための川上の意思決定には，実需の共有に加えてモノの流れの見える化，エシェロン（echelon：階段）在庫の把握が求められる．エシェロン在庫とは，自身の在庫に自分を通過し，まだシステムにある在庫の総計をいう．図 5.5 の数値例を用いて説明しよう．工場倉庫のエシェロン在庫は，手持ちの 30 個に加えて，配送センターに輸送中の 15 個，配送センターの 40 個，そこから小売店への配送中の 2 個と 3 個，小売店の在庫の 7 個と 5 個の総計 102 個である．同様に配送センターのそれは 57 個となる．

エシェロン在庫の優れているところは，小売店で 1 個でも実需があると，それに直接接しない配送センターで 56 個，工場倉庫 101 個と即座に反映されることである．これが把握できれば，たとえ小売店で特需があったとしてもエシェロン在庫の量によって，ブルウィップを防ぐだけでなく需給計画を適切に行うことができる．

このようにエシェロン在庫が把握できる体制を構築することが SCM の大きな目標となる．同時に自組織から川上側のエシェロン在庫（図中の川上エシェロン）を把握しておくことも，自組織における補充活動の遅れや欠品を防ぎ，過剰な在庫を招く発注を抑制するために必要なことである．いいかえればサプライチェーン全体で，今，どこに，何が，どれだけあるか，の見える化であるトレーサビリティ（traceability）の重要性を意味する．

(2) トレーサビリティと IT の活用

トレーサビリティは，在庫という観点以上に，グローバルサプライチェーンでは，顧客や荷主の貨物が，今，どこに，という情報提供サービスにつながる．モノの流れを観測すると，実際に加工や移動といった付加価値を生んでいる時間はごくわずかである．第2章の TPS の function time をおおうムダと同様に，大部分は，①待っている時間，②止まっている時間，③そして場合によっては迷子になっている時間，である（圓川，1995）．

これに対する普遍的な対応が見える化である．広域にわたるサプライチェーンにおいて，“どこで”，“何が”，“どのようになっているか”を見える化することが，ボトルネックの発見，付加価値を生んでいない時間，そしてサプライチェーン途絶等の不測の事態が起きたときに迅速な対応を可能にする．

特に最終商品に近い付加価値の高い状況での動きについては，リアルタイムベースの IT を活用したトレーサビリティを確保することで，止まっている時間，迷子になっている時間削減による短リードタイムにつながる．さらに顧客からの問合わせに対する迅速でフレキシブルな対応や，エシェロン在庫の把握，引いては売れ筋情報の把握等，ビッグデータを活用した様々な高付加価値のサービスや意思決定ができるようになる．また，たとえばリコール対応において，対応製品を回収する必要性から，ライフサイクルに渡ってどこで（誰に）使われ，どのような状況（リサイクルや廃棄）になっているか，という品質保証の面からもきわめて重要になっている．

そのための手段が，バーコードや RFID（radio-frequency identification）あるいは IC タグを，商品やコンテナ容器等に付与することで認識する AIDC（automatic identification and data capture）技術の活用である．車両等についてはGPS 端末を搭載する方法等が用いられる．サプライチェーンや商品の製造から使用段階までを含めたライフサイクルにわたって活用するためには，運用や使用コードについての標準化が不可欠となる．これには ISO に加え，EPC（electronic product code）標準があるが，日本ではサプライチェーン間や，商品ライフサイクルにわたる活用は，残念ながらきわめて少なく，その必要性の認識の高まりが喫緊の課題である．

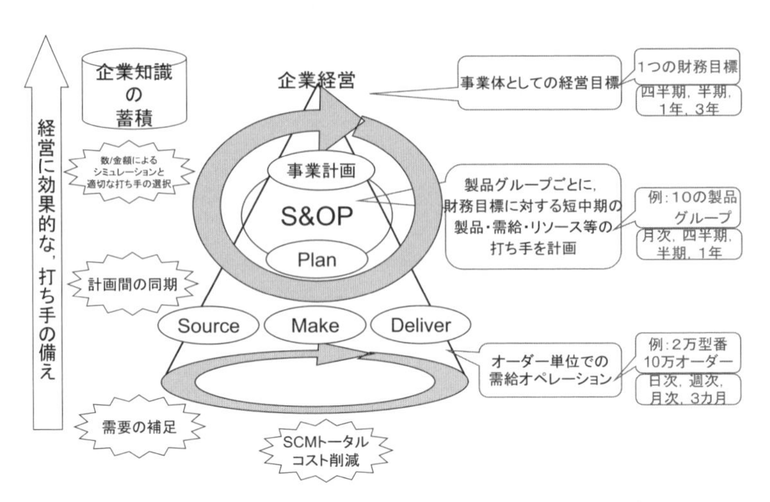

図 5.6　One Plan としての S&OP の機能と目的（貝原，2015）

(3) S&OP

IT の能力を駆使できる現在の状況では，実需や在庫等サプライチェーン全体を見える化した上で，図 1.14 で示したように，事業収益を最大化する戦略的経営管理手法の活用が求められる．それは販売計画と，従来の SCM の生産・調達・物流を主対象とした計画と一体化した“One Plan”として，金額・数量両面から計画する仕組みの導入である．

現在から将来の変化を察知し，それを迅速に数量だけでなく金額ベースの計画に反映させることを可能にするのが S&OP（sales & operation planning）である．SCC による S&OP の定義は，「新規および既存の製品に関する顧客志向のマーケティング計画を，サプライチェーンマネジメントと統合することで，経営が戦略的に継続的競合優位性を達成するための実行計画を創出するプロセス」であり，図 5.6 に示すような機能と目的をもつ．

S&OP の全体プロセスは，「製品開発計画」，「需要計画」，「供給計画」，「財務レビュー」，「マネジメントレビュー」の各サブプロセスからなる戦略に基づく経営の実行計画の策定プロセスであり，その中核部分は，図 5.6 に示すような次の内容にまとめられる．

① SCM における数量と金額の一体化と，計画間を同期したこの打ち手すればどのような結果が得られるか，という What-if シミュレーションによ

る対応策の立案

②戦略的な経営の意思決定を行うためのプロセスと，その過程における知識の蓄積と活用

③需要の発生起点での捕捉と，その変動への柔軟な対応を可能にするシステム・仕組みによるサプライチェーン総コストの削減

日本でのS&OPの活用事例は海外に比べて少ない．経営の柱としての戦略的SCMに向けて，販売やマーケティング機能との一体化と同時に，S&OPの活用が求められる．

5.4　ダブルマージナライゼーションとその解消のための方策

サプライチェーンの困難度を低減するために情報の流れからは，情報共有すれば十分か，というとそうではない．いくら情報共有しても，実際の発注量や補充量を決める際，それぞれの組織が自分の利益を最大化するような行動をとれば，その総和はサプライチェーン全体で利益を最大化したときに比べると，大きく利益を損じるような現象，すなわちダブルマージナライゼーション（double-marginalization）を引き起こすからである．

この現象は，OR（オペレーションズ・リサーチ）の古典的なモデルである新聞売り子問題（newsboy problem）を用いて，理論的にきれいに説明できる．新聞売り子問題とは，ある製品の需要量iの確率f_iがわかっているとき，原価（売り残り費用）h円/個，粗利（品切れ費用）p円/個とし，期待利益（期待損失）を最大（最小）にする補充量sを決める問題である．そのsは，需要量がi以下である確率（累積確率，あるいは分布関数）を$F(i)$で定義すると，

$$F(s) \geq \frac{p}{h+p}$$

を満足する最小のsが最適な補充量として与えられる．

図5.7に示すようなhとpが与えられたメーカーと小売店からなるサプライチェーンの例題を用いて考えよう．需要の分布は，$f_i=0.1$（$i=1, \cdots, 10$個）の一様分布とすると，そのときの分布関数は$F(i)=i/10$で図の右の破線で示されている階段関数となる．このときまずメーカー，小売店それぞれが自身の利

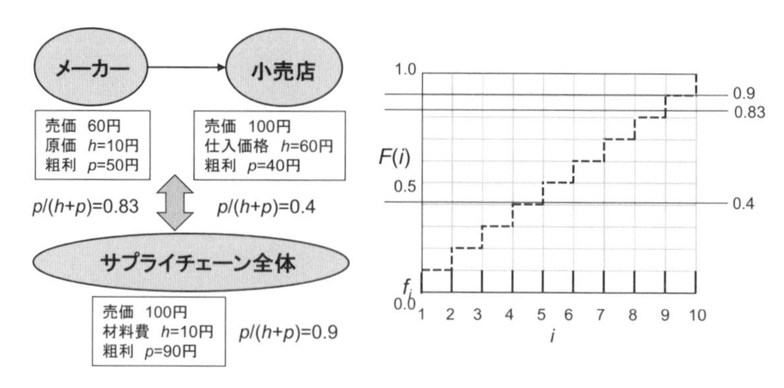

図 5.7　新聞売り子問題によるダブルマージナライゼーションの例題

益を最大化するような補充をするとどうなるであろうか．

メーカーでは，$h=10$，$p=50$ で，$p/(h+p)=0.83$ であり，上の不等式を満たす最小の s は 9 個である．このときの期待利益 R を計算すると，たとえば，$i=1$ のとき 1 個売れて 50 円の利益がある一方，8 個売れ残り原価分 10×8 個の損失を蒙る．反対に $i=10$ のときには売れ残りがないかわりに 9 個しかないために，利益は 50×9 個である．このような計算を $i=1$ から 10 まで行い，それぞれの確率 0.1 を掛けた総計として期待利益は 234 となる．

小売店の立場からは，$h=60$，$p=40$ で，$p/(h+p)=0.4$ であり，$i=4$ で $F(i)$ はちょうど 0.4 と等しくなり，$s=4$ である．同様に期待利益を計算すると 100 ということになる．この場合，メーカーと小売店の総計としての期待利益は，小売店が 4 個の仕入れと意思決定した段階で，メーカーの需要は 4 個と確定することになり，$50\times 4-10\times 5=150$ と利益も確定する．したがって $100+150=250$ が期待利益の総計となる．

一方，図の左下に示すダブルマージナライゼーションを伴わないサプライチェーン全体で利益を最大化するような意思決定をしたら，どのようになるであろうか．売価は 100 円，小売店，メーカーの粗利を除いた原価は 10 円，すなわち $h=10, p=90$ として新聞売り子問題を適用すればよい．$p/(h+p)=0.9$ であり，$s=9$ で分布関数が 0.9 と一致し，そのときの期待利益を計算すると 450 となる．個々に最大化したときの 250 に比べて +200，その 80% の利益の追加が期待される．この差額が正にダブルマージナライゼーションである．

この追加的利益をサプライチェーン全体で享受するためには，組織間での利害を一致させ，広い意味でのゲインシェアリング（gain sharing：効果の分配制度）の仕組みを構築する必要がある．ようするに，情報共有に加えて利害の一致といった意識合わせが不可欠となってくる．

なお，以上の例では需要が補充量を上回ったときの売り損じは，粗利分の機会損失 p が発生するだけであるが，もし信用損失が著しく大きければ，p を品切れ損失，h を売れ残り損失（卸価格）とした上で p を十分大きくとり，コスト最小モデルのもとで（s を求める不等式は同じ），適用する方が妥当かと思われる．そのとき最適な s は当然大きくなる．

それではダブルマージナライゼーションを解消して利害の一致を図る手立てには，具体的にどのようなものがあるだろうか．

①返品制度，リベートとその副作用：一番安易な方法が小売店側の売れ残りのリスクをなくすためにメーカーへの返品を許す返品制度や，リベートという報償金をつけることで小売店の仕入れ量を増やす方策である．しかしながら，戦後，百貨店からはじまった返品制度は，小売側の甘えや商品管理能力の低下をまねき，商品の陳腐化や余分な在庫をもつことで本来売れる商品スペースを狭めるといった副作用を伴う．

このような理由から，小売店自ら返品制度を採用しないという動きや，業界全体でリベート制度を廃止するという方向に向かっている．返品制度は，返品のための余分な処理や配送といったダブルハンドリングを伴う．結局は消費者側が支払うコスト増や，廃棄といった環境保全にも悪い影響を与える．

②製造小売という業態：製造小売とは，一般的に同一事業所で商品製造および個人への商品販売を行う，菓子屋やパン屋等の形態を指すが，ここではGAPにはじまるユニクロやザラで知られるいわゆるSPA（speciality store retailer of private label apparel）と呼ばれる業態である．独自のブランドをもち，それに特化した専門店を営む衣料品販売業という意味である．ダブルマージナライゼーションの回避以上に，自社での店舗の売れ筋・死に筋情報や消費者行動が把握でき，それを開発に活かしたスピーディな価値創造マネジメントサイクルが回せる．

③ PB（プライベートブランド）：PBとは，メーカーが自社ブランドを全国

規模で販売するNB（ナショナルブランド）に対して，小売店が独自のブランドでメーカーに生産委託して販売する商品を指す．小売店側のマーケティング機能を駆使したリーダーシップのもと，商品企画段階からメーカーと連携して数量や価格も計画され，すべて買い取りの形で実行されている．かつて低価格が売り物であったものが，今やセブンプレミアムや，イオンのトップバリュー等，特別な顧客価値をつけたPBも創造され，商品によってはNBをしのぐ勢いで売上を伸ばしている．

④ CPFRと未来情報の共有：コラム13で述べたようにCPFRとは，将来の販売促進等小売側からはどのように売りたいか，そしてメーカー，ベンダー側からはどのようにつくりたいか，それらを連携して共有し，利害を調整することで変動に備え，ダブルマージナライゼーションを回避して売上を伸ばそうというものである．このように将来の特売情報等を共有することは，機会損失を防ぐだけでなく，予測できない需要変動をそれだけ減じることにもつながり，普段の安全在庫も大きく削減できるというメリットももつ．

5.5 DFLと全体最適化

モノの流れの観点からリードタイム短縮や効率化を図ろうとしたとき，既存の商品設計やビジネスモデルを前提した場合には，特にボトルネックに着眼した改善策が中心となる．それが5.2節で述べたボトルネックにおける段取時間短縮や効率的小口輸配送による多サイクル化である．

一方，DFL（design for logistics）とは，ロジスティクスのスピード化や効率化を，商品開発時に商品設計まで遡り対策をとるアプローチをいう．新商品開発で知られるDfX（たとえばXをM，manufacturabilityとするとDFMとなり，つくりやすさを考慮した製造容易性設計）の一つである．ここでは商品設計に加えて，拠点やビジネスモデルの設計までを含めて考えることにする．

(1) “運ぶ”ことを考慮した商品設計

パレット上になるべく多く効率的に積み付けできるような形状やサイズの標準化，コンパクト化，またIKEAの事例で知られているように海上輸送コンテナに何個詰めるかを設計要件とする等である．さらに工場の段階での標準に則ったソースマーキングとそのライフサイクルでの活用も，ダブルハンドリングを排除する観点からきわめて重要である．

(2)　差別化遅延戦略とリスクプーリング効果

差別化遅延戦略（postponement strategy）とは，製造プロセスにおいて最終製品にするのを遅らせる，すなわち実際の需要に引き付けるような製造技術や商品設計をいう．前者の例として，アパレル商品において，染色してから縫製をすることから，縫製して流行を見ながら染色することを可能にした技術革新があげられる．このようなカスタマイズの後工程化で，不良在庫，そして機会損失を極力少なくすることを可能にした．

差別化遅延戦略の商品設計の立場から一番わかりやすい例が，コラム 4 で示した部品の共通化やモジュール化である．共通部品やモジュールで在庫をもち，実際の需要に合わせて短いリードタイムでそれらを組み合わせることで最終製品に仕上げることを可能にする．コラム 15 で示す分散の加法性の原理に基づくリスクプーリング効果（ここでのリスクは需要変動）によって，m 個の個々の最終製品で（それぞれの需要分布が独立で等しいと仮定）在庫をもつより $1/\sqrt{m}$ だけ少ない安全在庫で済む．加えて予測に際しての誤差に相当する標準偏差が $1/\sqrt{m}$ と小さくなる分，需要予測の精度も上げることができる．

在庫拠点の集約化によるメリットもリスクプーリング効果の一つである．m カ所に分散配置していた在庫の拠点を 1 カ所に集約することで，同じサービス水準で $1/\sqrt{m}$ に安全在庫を削減できる．ただし在庫をもたない拠点が不要という意味ではない．配送という立場の役割をもち，随時集中化した在庫拠点から配送拠点への頻繁な配送が必要となる．

ようするに，拠点を設計する場合，在庫と配送という機能を分けて考える必要があり，在庫という観点からはなるべく集中してもつことが効率的であり，現実の世界でも集中化が進められている．ただし，BCP の観点からは一極集中させることは別な意味でリスクを伴うが，必ずしも物理的に集中する必要はなく，どこに，何が，何個あるかという情報が見える化できていれば同じ効果が期待できる．これをバーチャルプーリング（virtual pooling）と呼ぶ．

コラム 15　分散の加法性とリスクプーリング効果

確率的に変動（リスク）を伴うある変数 X があり，その確率分布が図 5.8 の左

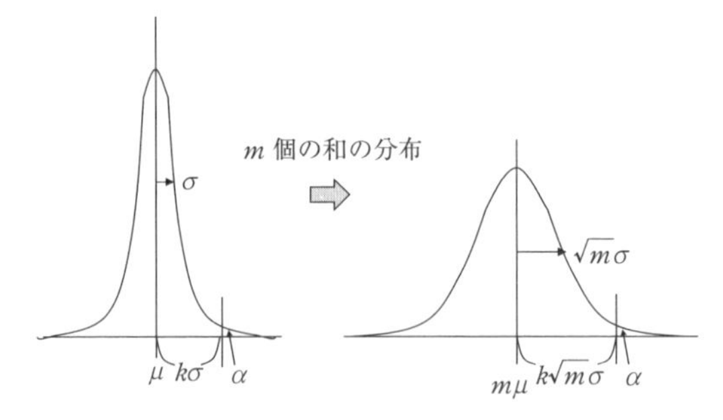

図 5.8　独立な変数 X の和の分布（分散の加法性）

図のように，平均が μ，バラツキの大きさである標準偏差が σ（その 2 乗である分散は σ^2）のとき，m 個の独立な X の足し算，すなわちリスクをプールした分布は右図のようになる．このとき，標準偏差は足し算できないが，分散は足し算でき（分散の加法性），$m\sigma^2$ となる．したがって，標準偏差はその平方根 $\sqrt{m}\sigma$ となる．たとえば，X を 1 日当たりの需要の分布とすると，LT 中の分布の標準偏差は，m を LT で置き換えて $\sqrt{LT}\sigma$ となる．

加えて，X の分布がどんな形状（たとえば図 5.7 のような一様分布）であっても，足し算の分布の形状は正規分布に近づく（中心極限定理）．正規分布は釣鐘型で，平均から標準偏差の k 倍以上の確率 α は k によって一意に決まる．たとえば，k が 1.96 で 2.5%，3 で 0.13%，4.5 以上にすれば ppm オーダーとなる．

リスクプーリング効果とは，たとえば同じ欠品率 α に対して，m 個の共通モジュールで在庫をもつことや在庫拠点をプールすることで安全在庫が $k\sqrt{m}\sigma$ となり，それぞれ在庫をもつとき必要な安全在庫 $mk\sigma$ より，$1/\sqrt{m}$ だけで済むことを意味している．なお，ここで X が LT 中の需要の分布であれば，σ を $\sqrt{LT}\sigma$ に置き換えればよく，m 個の拠点でそれぞれが $k\sqrt{LT}\sigma$ の安全在庫をもつと，その総計は $km\sqrt{LT}\sigma$ であるの対して，1 カ所に集中して m カ所の需要をプールして対応すると，その需要の標準偏差は $\sqrt{LT}\sqrt{m}\sigma$，したがって安全在庫は $k\sqrt{LT}\sqrt{m}\sigma$ となり，やはり $1/\sqrt{m}$ で済む．

(3)　補充プロセスや拠点の最適化

リードタイム短縮ということからは，サプライチェーンを構成する部品製造等を並行化・同時化することで短縮することが可能になる．またどこに製造拠点や配送拠点を配置し，どこからどこへどれだけ輸送するか，そしてそのときの輸送コスト等の目的関数や制約条件がモデルされ定式化できれば，OR の数理計画法によって最適解ルートが求まる．それが困難であってもモデル化さえできれば，シミュレーションによる解を求めることができる．このようなモデル上の解とモデルに取り込めない現実との乖離を把握しながら，モデル化や OR という科学的方法論をうまく使うことも重要なことである．

また配送の効率化という立場からは，部品の共通化に対応して win-win のロジックに基づく新しい形態での物流共同化や，コラム 14 で述べたプラットフォーム化も重要である．たとえば，スーパー業界大手の関東圏の関連 6 社でエリア別共同物流センターに再編すると，配送距離が約半分に短縮できるという．これは環境負荷低減の立場からも重要な施策である．同様にトラックから，より環境にやさしい船や鉄道へのモーダルシフト（modal shift）も，知恵を絞ればコスト削減を同時に実現する施策となるはずである．

(4) デカップリングポイントの適切な設定

デカップリングポイント（decoupling point）とは，外からの変動のサプライチェーンの上流への増幅，伝播を，在庫をもつことで吸収・切り離すポイントをいう．たとえば，JIT の平準化生産では最終製品在庫，前述の差別化遅延戦略では共通部品やモジュールで，SCM の一形態とされてきた VMI の運用では，ベンダー側がデカップリングポイントとなる．ブルウィップ効果を防ぐために情報共有やリードタイム短縮を図り体質強化を目指すことの重要性の一方で，サプライチェーンのどこかでバッファとしてのデカップリングポイントを設定することも重要な施策である．

(5) グローバル視点からのタックスサプライチェーン

国際水平分業や地産地消から多産多消へといったように，グローバルサプラチェーンを取り巻く環境は常に変化している．一方，輸出入に課せられる関税率は，2 国間，多国間の自由貿易協定（FTA：free trade agreement）や経済連携協定（EPA：economic partner agreement）の締結に伴い，常に変化している．タックスサプライチェーンという用語があるように，なるべく関税率の低いサプライチェーンを再構築する視点があるかないかで大きくコストが異なっている．特に日本企業はこの点についての認識が低いといわれ，強化する必要があろう．

またバイヤーズコンソリデーションと呼ばれるそこに運び込むことで増値税が還付される中国の物流園区の活用等，国の制度についても常に敏感であることが求められる.

5.6　グローバル SCM とレジリエンシー

グローバル SCM における基本は，これまで述べてきた“見える化”である．そのためには，グローバルサプライチェーンを“繋ぎ”，IT の利活用を有効化するためのシステム等の標準化が求められる．その上で事業・組織戦略の立場からは，国や地域の文化，制度，慣習，市場特性，すなわちニーズの変動を考慮した現地適合戦略をとるか，逆に経営効率を高めるための国際標準化戦略をとるか，という問題がある．この 2 つの戦略は互いに相反する側面があり，いかに両者を戦略的に組み合わせて統合するかが重要となる（橋本，2015）．製品戦略の面から次章で述べるグローカリゼーションはその例である．

このような経営戦略の側面を超えてオペレーションズ・マネジメントに求められるのは，図 1.12 における頻度は低いがサプライチェーンの途絶を引き起こすような変動，リスクへの対応である．レジリエンシーあるいはレジリエンスとは，そのような事態に陥ったとき，その影響を最小限に止め，通常の状況に迅速に戻す復元力をいう．そのためには，拠点ごとの BCP に加えて，サプライチェーン全体を見渡してリスクをあらかじめ特定し，それぞれの発生頻度や影響度を分析，優先順位をつけたうえでコンティンジェンシー計画（contingency plan）を立案，実際に起きたときの危機管理体制を構築することが求められる.

コンティンジェンシー計画とは，リスクを予測し過去の事例も参照しながら，事前に対応・対策を計画・実施しておくことである．その対策の基本は，代替的な資源の活用を可能にする以下に示すようなバーチャルリソースの活用である（Hopp, 2008）.

①部品の設計，コード，名称の標準化，共通化：たとえば，東日本大震災のときに特定の品種のペットボトルに欠品が起こった．その原因はキャップの仕様がそれぞれ異なるために，被災したキャップの生産拠点を代替できなかったことによる．顧客価値とは直接関係しない部品等では，なるべく共通化・汎用化することによって，代替性を高めることができ，平時でもリスクプーリング

の効果が享受できる．また同じメーカー内でも工場により部品のコードや名称までも異なる場合があり，緊急の手配の場合の障害になるか，あるいはシステム上の運用を困難にするということを引き起こす．

②見える化とバーチャルプーリング：どこに，何が，何個あるか，これを見える化できていれば，初動対応が迅速にできる．加えて在庫拠点の物理的統合をしなくても，リスクプーリング効果を享受できる．

③補充プロセスの複線化と多産多消：2 社発注で知られているように，代替が効かないものについては補充プロセスを複線化しておく視点も重要である．その延長として，グローバル化したサプライチェーンも，地産地消からさらにいろいろなところでつくり，いろいろなところの需要に対応する多産多消にまでなってきている．多産多消は需要変動への対応に加えて，コンティンジェンシー計画の観点からも重要である．

④バーチャルチェイニング：チェイニング（chaining）とは複数の工場間で代替性を確保し，一つの工場が停止しても全品目を生産できる仕組みを意味する．極端な例として，インテルの全く同じ仕様の生産拠点を世界各地に分散させる“Copy Exactly”戦略がある．バーチャルチェイニングとは各拠点にフレキシビリティをもたせ，いざというときに代替生産を可能にする体制をいう．そのときに重要なのは代替生産を可能にする設備等のハードに加えて，生産管理や CAD 等のシステムの一元化や共通性である．特に日本では物理的には代替生産が可能であっても，それを動かすシステムが工場ごとにカスタマイズされすぎていて，結局はできないという例が多い．

⑤多能化・多専門化による人材のフレキシビリティ：最後に代替や補充を担う人材である．急遽異なる製品をつくる，システムを動かすには，それができる人材が必要になる．その際，単能的な仕事しかできないのであれば，それだけ多くの人員を抱えておく必要に迫られ，またフレキシブルな対応は望めない．

以上のような観点に加えて，1.5 節（2）で述べたように，組織のサプライチェーンに渡る社会責任の世界標準ガイドラインである ISO 26000 にある人権，労働慣行，環境保全，公正な事業慣行，消費者データ保護等のリスクへのデューデリジェンスを怠らないことが求められる．デューデリジェンスとは，“当然の努力”という意味で，リスクの存在と生じる影響を明確にし，それを回避する努力をする態度ということである.

このようなリスク，広い意味で本書でいう変動を常に監視し，危機管理の立場からは，異常の早期検知が何より重要である．それが遅れると初動にも支障をきたし事態を悪化させ，被害を増幅させ復旧をさらに大きく遅らせることになる．同時に起こった危機に関する迅速な情報収集とそれに基づくフレキシブルな対応を可能にするために，役割分担と責任権限の明確化をしておく必要がある．そして最後に，組織一丸となった団結力を発揮するために，コンティンジェンシー計画の情報共有と訓練も必要である.

5.7　SCMのための簡易ベンチマーキングツール

第1章で述べたようにSCMという観点からは，日本企業はものづくりのオペレーションズ・マネジメントの強みに対して欧米企業に遅れをとっている．その理由として，IT 利活用を促すための要件である標準化や，SCM 自体の重要性の認識不足があげられる．そこからキャッチアップしてSCM改革を引き起こす経営手法には，日本のものづくりを対象にかつて米国が行ったベンチマーキングがある.

敵（ベストプラクティス）を知り，己を知るといったベンチマーキングを組織的に行うには，膨大な時間とコストを要する．そこで自社のSCMに対する現状レベルを知り改革への共通認識を醸成する目的で開発されたのが，スコアカードと呼ばれる簡易ベンチマーキング手法である．スコアカードとは，企業や組織の戦略や仕事の仕方，そしてITの活用の仕方や，性能に関係した評価項目を用意し，これを自己評価することによって簡便に自社の強み・弱みを知り，組織改革や有効なITの導入促進を図ろうというものである.

SCMに関連したスコアカードは，アパレル産業におけるQRスコアカードや，食品業界における標準ECRスコアカードをはじめとして，これまで数種のものが存在してきた．それらは主としてITの普及をねらったものか，特定の業種に特化した非常に詳細な評価項目からなるものであった．これらのスコアカードを参照・汎用化し，業種・業界によらないスコアカードとして開発されたのがSCMロジスティクススコアカード（LSC：logistics score card）である（圓川，2009，鈴木，2015）．

LSC は，①企業戦略と組織間連携，②計画･実行力，③ロジスティクス性能，④情報技術の活用の仕方，の 4 つの大項目，22 の項目からなっている．22 のそれぞれの項目について，レベル 5 をベストプラクティスとするレベル表現が与えられている．自社に相当するレベルをチェックすることで，簡便にベストプラクティスとの乖離や自社のレベルを知ることができる．そして LSC では，幅広い業界・業種を含んだ豊富なデータベースが構築され（日本だけでも約 1,400 社にのぼる），それに基づく無料診断のシステムが提供されていることが，他のスコアカードにはない最大の特徴である．LSC の本体であるシートおよび組織内での認識ギャップの見える化を含む診断システムはホームページ上で公開されている（http://www.me.titech.ac.jp/~suzukilab/lsc.html）．

これまで蓄積された LSC のデータベースからいえることは，22 項目の中で一番低いスコアになっている項目の一つは，“トータル在庫の把握や機会損失”であり，品目別・取引先別に在庫の所在が見えるようになっていない，という点である．すなわち目の前の工場レベルの在庫には敏感であるが，工場から出た途端に見えなくなるということである．

一方，階層別の自社に対する認識ギャップの見える化の診断結果から，階層が高いほど評価が甘く，現場に近いほど厳しい評価になっている点が日本企業の共通点である．これをいいかえると，掛け声だけの戦略や方針はあるが，実行可能なような形でブレークダウンされていないということである（3.5 節 CRT で述べた“ねじれ”に相当）．対照的に外資企業の場合は，上ほど厳しい見方となる傾向があり，全く逆である．

LSC のデータベースを用いて，データの提供を受けた企業の有価証券報告書から算出した経営目標の一大指標である ROA と，LSC で測定された SCM 性能スコアとの関係を分析すると，1 番目の大項目に相当する SCM 組織能力と高い正の相関を示す．また 4 番目の大項目に相当する IT 活用力との関係では，IT に投資し IT 活用力を高めても，SCM 組織能力がある一定レベルに達していなければ逆に ROA を損ねてしまうことが明らかにされている．これはいくら IT に投資しても効果があらわれないという IT パラドックス現象を説明するものであると同時に，まず SCM 組織能力を高め，そのもとで IT 投資することで，経営目標であるROAが大きく向上するという教訓を示したものである．

コラム 16　日米のIT投資の目的の違いと経営者の認識

IT投資の目的として，その嚆矢とされるMRPや，リエンジニアリングに代表されるように，業務やそのプロセスの革新やその結果としてのコスト削減がその目的であった．しかしながら，それは“守りのIT投資”と呼ばれ，最近では，新商品やビジネスモデル開発や，その結果としての顧客満足や価値創造，といった“攻めのIT投資”にシフトしてきている．

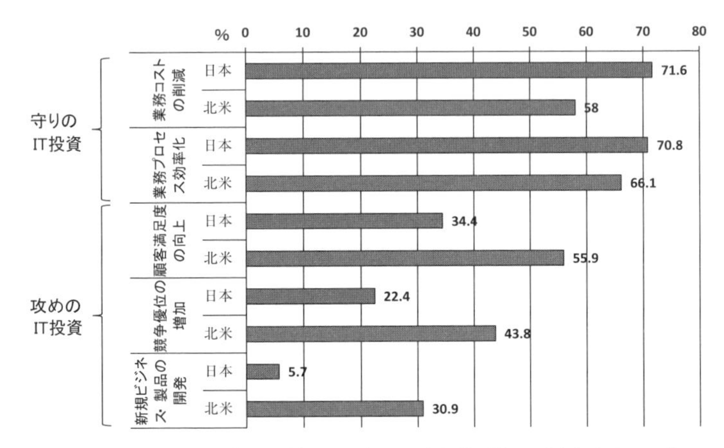

図 5.9　IT投資に期待する効果・目的の日米比較（ものづくり白書 2013）

図5.9は，日本と米国の経営者が期待する両者の効果の割合の比較を示したものである．日本の経営者がまだ圧倒的に業務やコスト削減効果への期待の割合が高いのに対して，米国の経営者はかなり顧客満足や価値創造のための新商品やビジネスモデル開発等の“攻めのIT投資”にシフトしていることがわかる．

1.6節で示したIoTの競争に突入した現在でも，たとえば，アクセンチュアのグローバルCEO調査2015によれば，IoTがもたらす期待効果としての経営者の認識は，“新たな収益源の創出”が世界平均の57%に対して，日本は32%と圧倒的に低い．一方，“オペレーションの効率化”については世界が43%であるのに対して，日本は68%と依然として高い．SCMに対する意識や認識も同様であり，経営者の認識が変わることこそ，現場や現場レベルでのオペレーションズ・マネジメントには圧倒的に強い日本が，これからのグローバルな競争力を挽回・再興する一つの大きなポイントであろう．

2001年から運用してきたLSCであるが，SCMを取り巻く環境変化はますます激化している．経営のグローバル化に加えて多様化する消費者ニーズを的確に捉え，それに俊敏かつ柔軟に対応して事業収益を最大化するようなSCMが求められる．これには販売・マーケティング部門や生産・開発部門とロジスティクス部門との連携や，顧客ニーズの的確な把握と顧客価値の創造，これまでの商習慣を変えていくための取り組みやより広範囲のサプライチェーンリスクの見える化，価値創造のための最新のITの利活用が不可欠となる．

このような観点からLSCを改訂し，開発されたのがグローバルSCMスコアカードGSCである．全30項目からなり，LSCと同様にレベル5をベストプラクティスとするそれぞれ5段階のレベル表現が与えられ，それをチェックすることで自己評価することができる．またLSCと同様に無料の診断システムも用意されている．GSCの本体および詳細は圓川（2015）を参照されたい．表5.1は，GSCの30項目をリストアップしたものであり，LSCの22項目（これらのレベル表現についてもグローバル視点の内容に改訂されている）に加えた8項目と大きく変わった2項目，計10項目が太字で示されている．

GSCについて，大企業中心に収集したデータに基づき，事業収益の最大化という観点からROAとGSCのスコアとの関係を分析した例を紹介しよう．GSCのスコアに関しては因子分析を行い，その中の“顧客指向SCM力”と呼ぶ因子がROAと著しく高い相関を示し，これは30項目の総得点をはるかにしのぐものであった．この因子の意味を解釈するために，この因子と負荷(関連)が大きい項目をあげると，1-⑥「顧客ニーズ・満足度の測定とその活用」が最も高く，次に1-④「販売・マーケティング部門との連携」，3-①「品質保証のレベルと顧客価値の創造」，3-④「JIT実践と補充サイクル短縮」，また手段としての4-④「DWHと情報活用」等のIT関連項目との関連も高くなっている．

顧客指向SCM力だけでROAに対する説明力，すなわち寄与率は0.885であり（ROAの大小の88.5%をこの因子の得点だけで説明できる），（重）相関係数でいえば0.941という非常に高い値で，統計的にも高度に有意となっている．

いいかえれば，経営成果に結び付けるためには，総得点，すなわちスコアカードのすべての項目のレベルを上げるというよりも，特に顧客指向SCM力を高

表 5.1 グローバル SCM スコアカード GSC の内容（太字は LSC にプラス・変更された項目）

1. 企業戦略と組織間連携	1-① 企業戦略の明確さと SCM の位置付け 1-② 取引先（サプライヤー）との取引条件の明確さと情報共有の程度 1-③ 納入先（顧客）との取引条件の明確さと情報共有の程度 **1-④ 販売・マーケティング部門とロジスティクス部門（機能）との連携** **1-⑤ 生産・開発部門とロジスティクス部門（機能）との連携** 1-⑥ 顧客ニーズ・満足度の測定とその活用に関する社内体制 1-⑦ 人材育成とナレッジマネジメントの質 **1-⑧ 商慣習革新への取組**
2. 計画・実行力	2-① 資源や在庫・拠点の最適化戦略 **2-② 輸配送計画・管理力** **2-③ 戦略的調達力** 2-④ 市場動向の把握と需要予測の精度 2-⑤ SCM の計画（顧客起点の生産・販売・物流全工程）精度と調整能力 2-⑥ 在庫・進捗情報管理（トラッキング情報）精度とその情報の共有 2-⑦ プロセスの標準化・見える化の程度と改善・改革力 **2-⑧ サプライチェーンリスクの見える化と対応**
3. サプライチェーン性能	**3-① 品質保証のレベルと顧客価値の創造** 3-② サプライチェーン総コストの把握と削減について 3-③ 顧客（受注から納品まで）リードタイムの短縮 **3-④ ジャストインタイムの実践と補充サイクルタイム短縮** 3-⑤ パーフェクトオーダーの実現 3-⑥ トータル在庫の把握と機会損失の低減 3-⑦ 環境対応と環境を含めた CSR の体制とレベル
4. 情報技術の活用	4-① EDI の活用とカバー率 4-② 自動認識技術（AIDC 技術）の活用 4-③ 業務・意思決定支援ソフト（ERP, SCM ソフト, S&OP 等）の有効活用 **4-④ データ・ウエアハウジング（DWH）と情報活用** **4-⑤ 商品ライフサイクルマネジメントと構成管理** 4-⑥ オープン標準・ワンナンバー化への対応 4-⑦ 取引先や顧客への意思決定支援の程度

める方向で改革を進めるべきということが，この分析結果からいえる．

この結果は，第 1 章の図 1.16 で述べたように，マーケティングと一体になった SCM の重要性を支持するものであり，事業収益を最大化する経営目標に直結する SCM として，以下の点がポイントとなる．

①顧客視点で顧客満足向上，価値提供のための社内体制を整備し，そのために販売・マーケティングとの連携を強化

②開発・生産における品質保証のレベルを上げ，かつ生産ではその補充サイクルの短縮（小ロット）化やジャストインタイムの実践といったリーンな

体制を強化

③オープン標準を活用した取引先や顧客との連携を強化し，DWH（data warehouse：企業内外に蓄積された大量のデータの中からユーザーのニーズに応じた形で情報を引き出し分析することができるシステム）を整備し，価値創造のためのIT利活用を推進

なお，上の①の視点は，本書ではニーズの変動に対応するものであり，本書を締めくくるものとして，次章でこの点に着眼した顧客価値創造のための方策や戦略について述べる．

6

CS（顧客満足）と顧客価値の創造

6.1　品質とは“違い”？

最後に，オペレーションズ・マネジメントの起点となるべく，顧客価値の変動を本章では考えよう．第1章の図1.15や図1.16で示したように，高度成長や工業化社会で受け入れられてきた単に“高品質”ということでは通用せず，最近では供給側の提供する品質と顧客側が感じる価値や満足に乖離が生まれるようになってきた．

日本のような成熟社会では，100円ショップの商品のように“そこそこの品質”で十分というコスト消費と，供給側から見えない顧客の“何かへのこだわり”に基づく道具（コト）消費の二極化が進んでいる．この後者については顧客自身も具体的に“何を”ということを自覚できないことがあげられる．一方で，異なる文化，価値をもつグローバルな国や地域の市場が出現し，それぞれの市場で感じる顧客価値とは何か，ということへも同時に対応する必要に迫られている．

『広辞苑』では「品質」とは，“品物の性質．しながら”とそっけないが，英語の“quality”を *Webster's Dictionary* で引くと，“1. peculiar and essential character，2. degree of excellence，3. high social status，4. a distinguishing attribute”となかなか意味深長である．特に4番目は，“他とはっきり区別できる性質”と訳され，これを端的にいえば，品質とは“違い”ということになる．すなわち，この“違い”こそ顧客のこだわりや，文化の異なる市場の価値

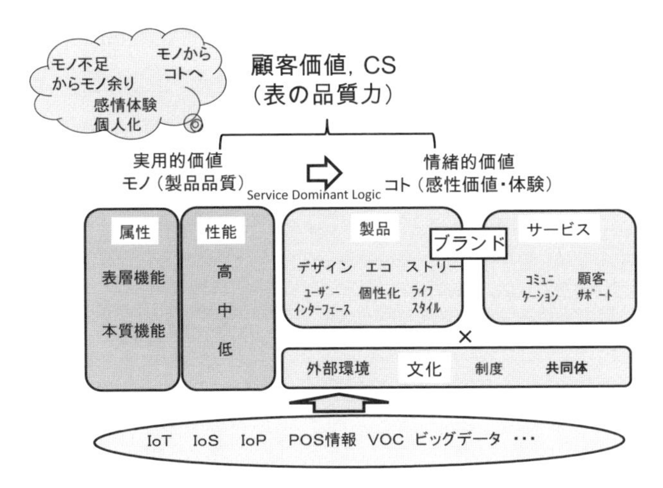

図 6.1 顧客価値，CS は，どのような・どこでの“違い”から生まれるか

創造につながるのではなかろうか．

それでは，供給側の提供するどのような製品・サービスの“違い”が，CS (customer satisfaction) や顧客価値を生み出すのであろうか．すなわち，供給側の考える高品質はあくまで裏の品質力で（図 1.15 の左側），顧客の高い CS や顧客価値創造につながって，はじめて表の品質力（図 1.15 の右側）といえるものになる．

図 6.1 は顧客価値を生み出す構造という観点から，その源泉の概念図を示したものである．この図は，筆者も参加している日本機械工業連合会のものづくりパラダイムシフト専門部会での IBM の北山浩透氏の講演資料をもとに用語の改変等を行ったものである．

これまで狭義の高品質とは，モノとして製品の高い性能や属性そして多機能を指し，それが実用的価値（utilitarian value）に結びついた．しかしながら，モノ余りや個人化の時代になり，顧客の感じる価値はモノとしての製品より，製品やサービスを使って“何を”体験あるいは経験するか，という“コト”を通したたとえば“ワクワク”するような情緒的価値（hedonic value）へシフトしてきた．ただし，これは道具消費についていえることであり，実用的価値だけを求めるコスト消費であれば当然安くなければならない．

この“コト”を通した情緒的価値を満たすためには，製品は“コト”を演出する一つの道具であり，サービスと一体化させて考える必要がある．これを指す用語としてVargo et al.（2004）のサービスドミナントロジック（service dominant logic）があり，有形物である財もサービス提供の一手段という流れが一般的となる．すなわち，程度の差はあれ製品もサービスの要素をもち，コトづくりの“コト”は，サービス提供そのものとも考えることができる．

加えて，後述するように企業あるいはブランドイメージがきわめて強く作用することから，図6.1でも“ブランド”を強調して掲げてある．これに対応して図2.2では，顧客が製品・サービスと接するタッチポイントとして，直接は接触しないが顧客のコトの中で顧客が描くブランドイメージが大きく影響することから，バーチャルタッチポイントとして掲げてある．

そして，もう一つ顧客価値を左右する要素がある．それが図6.1の真ん中下に示す“×”の下に位置する“文化”である．これも後述するように国や地域による文化や制度の違いが大きく，顧客価値やそのメカニズムに作用する．筆者はこれを生産文化（圓川ら，2015）という用語を用いている．生産文化は商品設計や品質を文化に合わせてカスタマイズするという一方向的なものではなく，その国・地域では経験しなかった新しい価値，たとえば，日本的な感性文化が世界で受け入れられるというような双方向性を指すものである．

また，図の一番下に示すのは第1章で述べたように，顧客価値提供にIoTによる“繋がる”，“代替する”，“創造する”という新しい顧客との関係の技術革新が進行しているということであり，この点にも留意する必要がある．すなわち，新しい品質やビジネスモデルの提供の仕方が出現しつつあるということであり，これについては本章の最後で言及する．

6.2　CSの生成メカニズムと文化・ブランドイメージの重要性

図6.1で示した枠組みの妥当性の証左として，顧客価値生成のメカニズムを考えよう．ここでは顧客価値の代理特性として，そのメカニズムについて多くの研究がなされているCSを取り上げよう．これまでのCS研究の流れや，本節で示す調査結果やその分析法の詳細については，圓川ら（2015）を参照されたい．

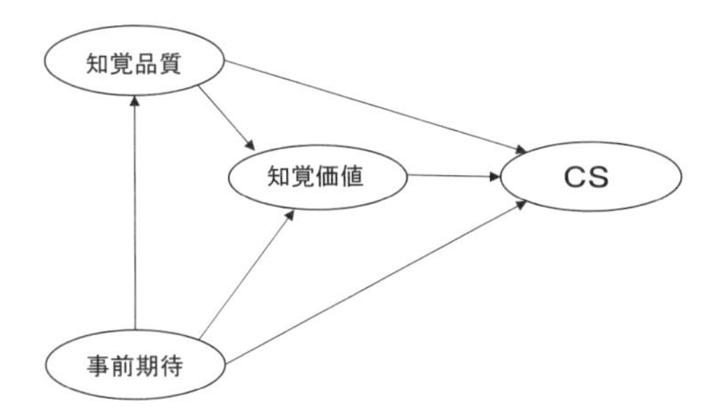

図 6.2　ACSIのCS生成メカニズム（CSから顧客不満，ロイヤリティへのパスは省略）

1970年代からはじまるCSの生成メカニズムで最も知られていたのは，CSは知覚品質（perceived quality）と（事前）期待（expectation）の“差”（算術的な差を必ずしも意味しない），すなわち不確認（disconfirmation）で決まるという“期待—不確認モデル”である．しかしながら，これには，購入動機バイアス（self-selection bias），すなわち，価格によるバイアスの存在が指摘され，この影響を緩和するために，知覚品質と事前期待とCSの間に知覚価値（perceived value）を挿入した最新の成果が，図6.2に示すACSI（American Customer Satisfaction Index）モデルである（Fornell et al., 1996）．

ACSIとは，TQMやJITと同様に世界に名声を馳せた日本の高品質に刺激され，1990年初めに米国ではじまる国家レベルでの企業のCS調査である．このモデルに基づくCS値の公表による品質向上のインセンティブを与えるものとして現在でも続いている．このような国家レベルでのCS調査は各国にも広がり，日本でもサービス産業を対象に，2010年よりACSIモデルを継承したJCSI（JはJapan）がサービス産業生産性協議会により実施されるようになった．

さて，それではACSIモデルで，CSに対して知覚品質，知覚価値，事前期待は，それぞれどのような影響度をもつのであろうか．そのために東京工業大学における筆者の研究室で2008年から2010年にかけて行った，日本を含む先進国4カ国（日本，米国，ドイツ，フランス），新興国5カ国・地域（中国，ウイグル，タイ，ボリビア，インドネシア）の計9カ国・地域で，4製品（携帯電話，PC，シャンプー，自動車），6サービス（携帯電話サービス，銀行，スー

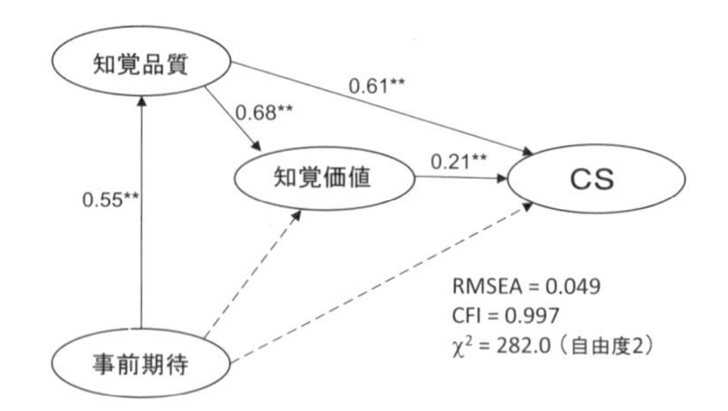

図 6.3　ACSI モデルに基づくパス解析の結果（N=63,000，＊＊：1％有意）

パー，ファストフード，病院，美容院）を対象にしたCS関連指標の調査データを用いた結果を紹介しよう（加えてCSのみ5つの公共事業についても調査）.

使用している製品・サービスについて，総合満足度であるCSに加えて，事前期待，知覚品質，知覚価値，そして企業イメージ，口コミ，再購買意図等を，それぞれ10段階の尺度（たとえば，CSでは大変不満から大変満足まで）で問う各国語に翻訳した調査票を用いた調査を2008年から2010年にかけて行い，総サンプル数は累計約63,000であった.

このような世界のデータを用いて，図6.2のモデルにパス解析と呼ばれる手法を適用した結果が図6.3である．矢印に付してある係数は回帰分析における偏回帰係数に相当する標準化パス係数と呼ばれるもので，大きいほど矢印に向けての影響度が大きい．これにより知覚品質が一番CSへの影響が大きいことがわかる．事前期待から知覚価値，CSの矢印は破線で示してあるが，これは統計的有意な因果のパスが存在せず，事前期待は知覚品質を介してのみCSに影響を与えることがわかる.

右下にはモデルの適合度を示す3つの異なる指標の値が掲げられている．0に近いほど望ましいRMSEA（root mean square error of approximation）が0.049で，1に近いほど優れた適合度であるCFI（comparative fit index）が0.997と大変よい当てはまりとなっており，これはACSIのモデルを肯定するものである．しかし，自由度で割った値が1に近いほど望ましいχ^2（カイ二乗）値は，282でかなり大きい.

それでは，ACSIモデルにブランドイメージに相当する企業イメージも加えてパス解析をしたらどうなるであろうか．その中で一番よい適合を示したの

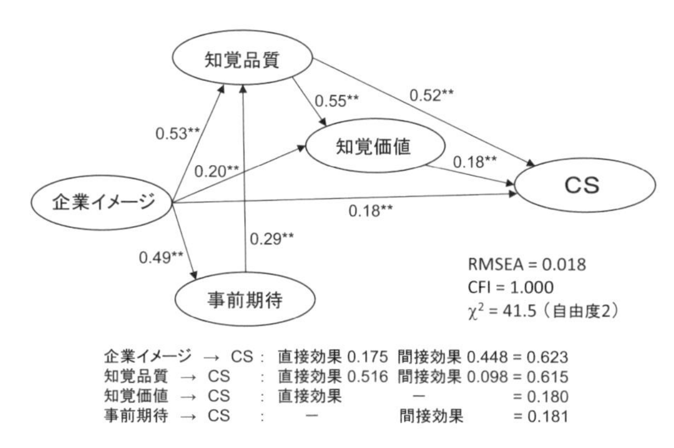

図 6.4 ACSI モデルに企業イメージを先行させたパス解析（N=63,000，＊＊：1％有意）

が，企業イメージを知覚品質，知覚価値，事前期待の前に配し，しかもCSへの直接のパスも加えた図6.4に示す企業イメージ先行モデルである．RMSEAもCFIもさらに改善し，特にχ^2値が282.0から41.5まで圧倒的な改善を見せている．

図6.4の下には，CSへの直接効果だけでなく，たとえば，企業イメージの場合，後続の知覚品質，知覚価値，事前期待を介した間接効果（それぞれのパスの係数の積で求められる）も加えたCSへの総合効果を計算したものが示されている．企業イメージのCSへの総合効果は，直接効果の0.175に間接効果の0.448を加えて0.623となっている．同様に計算した知覚品質の0.615よりも大きい．すなわち，CSへ一番影響を与えるのが，知覚品質や知覚価値よりも，企業イメージであることになる．

このように，図6.1に示したブランドのCS，顧客価値への影響は思いのほか大きく，知覚品質よりも大きい．これは実用的価値よりもむしろ情緒的価値にウエイトがシフトしている証左ともいえよう．加えて，知覚品質，知覚価値，事前期待にも企業イメージが影響を与えるということである．

これまでは世界9カ国・地域をプールしたデータの結果であったが，同じ分析を国別に行うとどのような結果になるであろうか．図6.5の上図は，特徴的な5カ国について，CSの4つの先行要素のCSへの総合効果の相対的割合（単純に係数の合計に対する比）をパイチャートで示したものである．企業イメージの大きな影響は国の違いを越えて共通であるが，その強さは国によって異なる．左から右へ企業イメージの影響割合が大きくなるように配置してある．

ドイツと日本は，企業イメージよりも若干知覚品質の方が上回るが，タイ以降企業イメージが上回り，中国，米国となると著しく企業イメージの影響が大きくなる．また中国と米国を比較すると，米国に比べて中国は知覚品質のウエイトが低く，価格に関係する知覚価値，そして事前期待の影響が相対的に大きいことが特徴である．

図には掲げていないウイグル，フランス，タイ，ボリビア，インドネシアでも，企業イメージが先行するパターンは同じで，その大きさは，インドネシア，タイは日本に近く，ウイグル，フランス，ボリビアの順で中国に近い，日本と中国の中間のパターンとなっている．

次に，図6.4にCSの先にロイヤリティ指標の一つである再購買意図（repurchase intention）を加えた（CSの先行要素とも直接効果を表す矢印を結んだ）モデルについても，同様のパス解析を行うとどうなるであろうか．世界全体では企業イメージの影響は，CSの場合にもさらに大きくなる．直接効果にしても再購買意図への企業イメージの効果はCSよりも大きい．

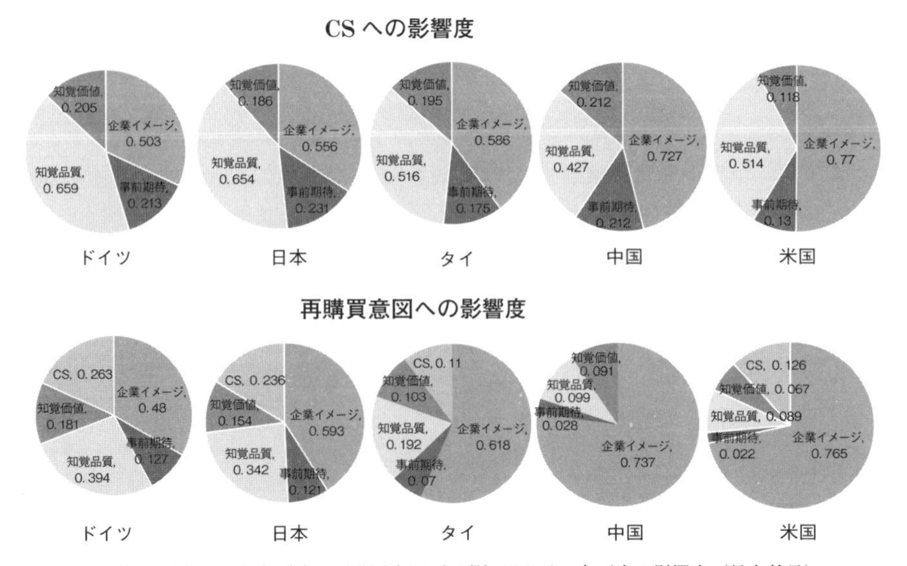

図6.5　国別のCS（上段），再購買意図（下段）における各要素の影響度（総合効果）

図6.5の下図は，各国の再購買意図へのCSを含めた先行要素の総合効果の相対的割合をパイチャートで示したものである．ドイツ，日本でも企業イメージの影響が知覚品質を上回り，特に中国では米国を上回り圧倒的な割合となっている．ここで興味深いのは，中国ではCSから再購買意図へのパスが消えているということである．現状の満足度には関係なく，次の購買はほぼ企業イメージ，ブランドによっていることが示唆される．

以上のように，図6.1におけるブランドは，顧客価値に大きな影響を与えるという事実とともに，図6.5に示すような国による大きな違いは，図6.1の真ん中下に示す国の文化や制度の違いに起因しているものと思われる．日本が中国や米国に比べて，ドイツやフランスに近いということは，コラム6で述べたホフステードの4次元の文化パターンが非常に近いこととも符合する．

コラム17 世界一厳しい日本の消費者と国による文化の影響

日本の消費者は，品質に対して世界一厳しいことが知られている．図6.6は，これを確かめるために本節で示した調査において，公共事業を含めた15の全産業の平均CSを国別に示したものである．日本が一番低く，一番高い米国と比較すると，100ポイントスケール換算で約15ポイントもの差がある．性別で層別すると一般的に女性の方がCSが高いことが知られているが，日本だけは女性，特に主婦のCSが顕著に低い（ドイツも僅差であるが女性の方が低い）．

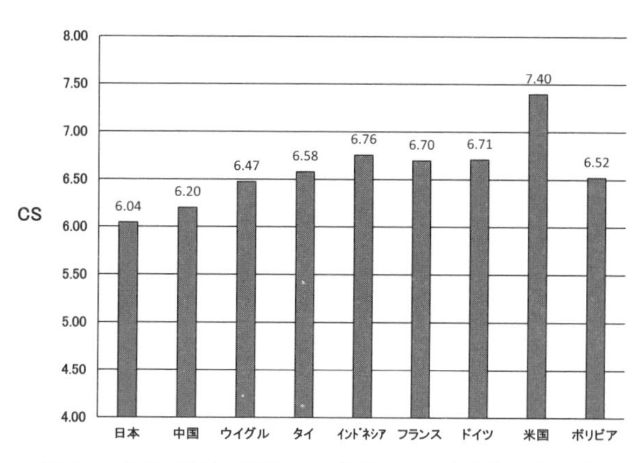

図6.6 各国・地域の平均CSの比較（15の全産業の平均値）

このようなCSの差は，コラム6で述べたホフステードの国の文化の4次元の中の不確実性回避のスコアと強い負の相関を示す．すなわち，“今＝ここ”文化にも関連して，目先の変動，リスクを嫌い回避する傾向である．一方で，この製品がどこで，どのようにつくられたか，という日常を超えた理性的・抽象的感性は（たとえば児童労働を疑うような），欧米の消費者に比べて弱いとされる．

国によって平均CSには国の文化に起因すると思われる大きなバイアスが存在する．グローバルに同一製品・サービスを提供しているCSの比較には，このようなバイアスに留意することが不可欠である．そこでこのようなバイアスを取り除くために各国の平均を差し引いた相対CSが有効である．図6.7は，各国の製品・サービスの平均CSから国の平均を指し引いた先進国の相対CSの値を示したものである．

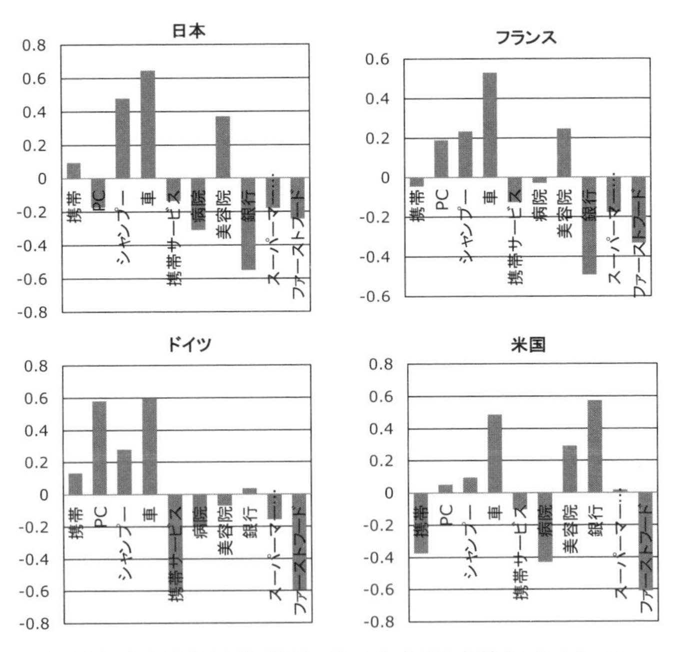

図6.7　先進各国の産業（製品・サービス）別の相対CSのパターン

相対CSの産業別パターンは先進国と新興国では大きく異なる．さらに図6.7に示すように先進国間でも，銀行が一番高い米国と他の3国がかなり違う一方で，特に日本とフランスで全体的にパターンは酷似している．これも国の文化や制度と関係がありそうである．フランスと日本は，上述のホフステードの文化パターンに加えて，祖先に対する崇拝の態度や学校制度の国のかかわりが類似しているといわれる．

また相対CSはその国における産業の競争力と関係している．たとえば，マーケティングの分野では，おかしなことに品質管理をやっている者には容認できない“CSと企業のマーケットシェアには負の相関がある”ということがいわれてきた．しかしながら，CSのかわりに相対CSを用いると，逆にシェアとCSは正の相関という健全ともいえる結果を示す（圓川ら，2015）．

6.3 魅力・個性的イメージがCS，顧客価値を高める

次に，どのような企業（ブランド）イメージがCSや顧客価値を高めるのであろうか．ちなみにブランドとは“自社商品を他メーカーから容易に区別するためのシンボル，マーク，デザイン，名前等”，またブランディングとは，“競合商品に対して自社商品に優位性を与えるような，長期的な商品イメージの創造活動”をいう（小川，1994）．そして，ブランド価値を決める，あるいは説明する測定容易な指標として，ブランド知名（brand awareness）とブランドイメージ（brand image）がある．ブランド知名は，さらに再生（recall）知名率と再認識（recognition）知名率に分けられる．

このような指標についての日本における信頼できる調査として，日経BPコンサルティング（2012）によるブランド・ジャパンがある．そのBtoC編には，1,000社のブランド総合力に加えて，フレンドリー（4項目），コンビニエント（4項目），アウトスタンディング（4項目），イノベート（3項目）の指標のスコア，そして認知率，興味率，好感率のスコア，ランキングが掲載されている．この1,000社の中には，前節の日本のCS関連指標調査を行った68社が含まれる．CS関連指標調査と時期を同じくする2011年のブランド・ジャパンのデータを用いて，CS関連指標とブランドメージ関係指標の相関を調べたものが表6.1である．

表6.1の結果から，CS関連指標，特にCSと高い相関をもつのは，ブランドイメージの総合力よりも，表中にグレーで囲んだアウトスタンディング指標が圧倒的なプラスの影響をもつことがわかる．そして次にイノベーティブ指標もやはりプラスの影響を与えている一方，フレンドリー，そして残念ながら“品

表 6.1 CS 関連指標とブランドイメージ関連指標との相関

	2011 ブランド・ジャパンから得られたブランドイメージ							
	総合力	フレンドリー	コンビニエント	アウトスタンディング	イノベーティブ	認知率	興味率	好感率
CS	0.144	0.052	−0.020	0.337**	0.156	−0.044	0.009	0.150
知覚品質	0.268*	0.049	0.100	0.491**	0.319**	−0.039	0.132	0.252*
知覚価値	0.028	−0.023	−0.149	0.195	0.140	0.044	−0.051	0.042
再購買意図	0.072	0.079	−0.040	0.096	0.123	−0.004	−0.054	0.046
口コミ	0.060	−0.123	−0.156	0.293*	0.313**	−0.102	−0.117	0.012
企業イメージ	0.310*	0.043	0.106	0.585**	0.384**	−0.029	0.126	0.254*

*は5%，**は1%の統計的有意性を示す.

質が優れている”を含むコンビニエント，そして何より認知率，興味率はほぼ無関係といってよい.

一方，CS 関連指標の方からは，企業イメージ，知覚品質，CS の順でブランドイメージの影響が大きいが，知覚価値や再購買意図は有意な相関にはなっていない．これは業種による差の効果が交絡しているためで，これを取り除くと両者でも，特にアウトスタンディングイメージとの正の有意な相関が得られる.

より具体的にアウトスタンディング指標の何が一番影響するのかを調べるために，アウトスタンディングを構成する 4 つの要素，“ステータスが高い”，“かっこいい”，“魅力がある”，“個性がある”に分解すると，前 2 者とはほとんど相関がなく，後の 2 つ“魅力がある”，“個性がある”と強い正の相関がみられた．いいかえれば“魅力・個性的”というブランドイメージこそ CS や顧客価値を上昇させる源泉であったといえる.

これをふまえて前節の結果を考察すると，“魅力・個性的”というアウトスタンディングな企業イメージが，直接的に CS や再購買意図にプラスの影響を与えるだけでなく，知覚品質等の先行要素指標にもプラスの影響を与えることによって（表 6.1 でも知覚品質と強い相関），企業イメージが CS，再購買意図に一番大きな総合効果を示したといえる．さらに 6.1 節で述べた「品質とは“違い”」ということにも通じるのではないだろうか.

このような“魅力・個性的”というイメージが顧客価値に大きく作用するということは，顧客，消費者個人の本性である幸福追求欲求まで遡ることによって説明できる．山田ら（2009）によれば，道具消費とは，幸福の物語に必要な

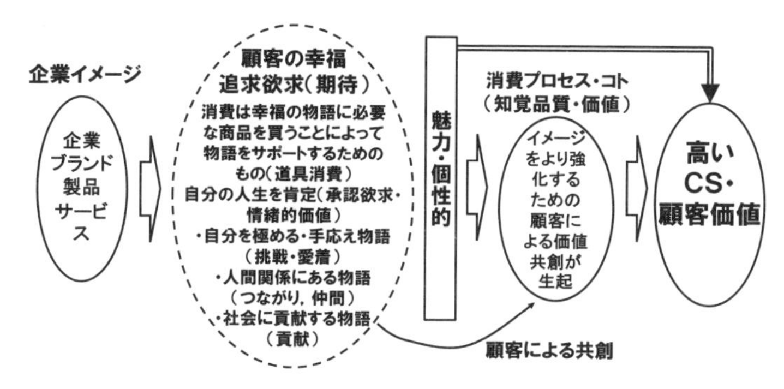

図 6.8　“魅力・個性的”イメージの幸福追求欲求を介したCS・顧客価値への影響

商品を買うことによって，物語をサポートするためのものと定義される．そしてその物語を構成する鍵となるのは，自分の人生を肯定する承認欲求や情緒的価値であり，自分を極める・手応え（挑戦，愛着），人間関係・つながり・仲間，社会への貢献にあるという．

図6.8は，この幸福追求欲求を原点として，“魅力・個性的”イメージが最終的に高いCSや顧客価値に結びつくことの図式を示したものである．まず，顧客個人に潜在している幸福追求欲求の道具となり得るためには，道具としての商品，あるいはそのブランドのイメージが，情緒的価値を満たす“魅力・個性的”なものである必要があることを意味する．

そしてHiggins（1998）の制御焦点理論によれば，快楽性（hedonic）すなわち情緒的価値は，自己の望ましい状態への接近に導く促進焦点の性質をもち，一方，実用的価値は望ましい状態を回避する抑制焦点として働くという．すなわち，“魅力・個性的”イメージが，顧客価値に直接結びつくことに加えて（上の矢印），消費プロセスで感じる知覚品質・価値にも（真ん中の矢印），顧客自身のもつ幸福追求欲求と共鳴・共創して知覚品質・価値を高め（自己に望ましい状態に導き），高いCS，価値が創造されると考えることができる．

では，顧客から実際に“魅力・個性的”イメージとされる企業，その商品はどのようなものであろうか．ブランド・ジャパンでこの魅力・個性的イメージのスコアが高いブランドを観察すると2群に分けられる．一つは海外高級ブランドあるいは革新的な商品を生み出した企業である．もう一つは，日常になじんでいる商品でありながら業界の中で他ブランドと違うユニークなポジション

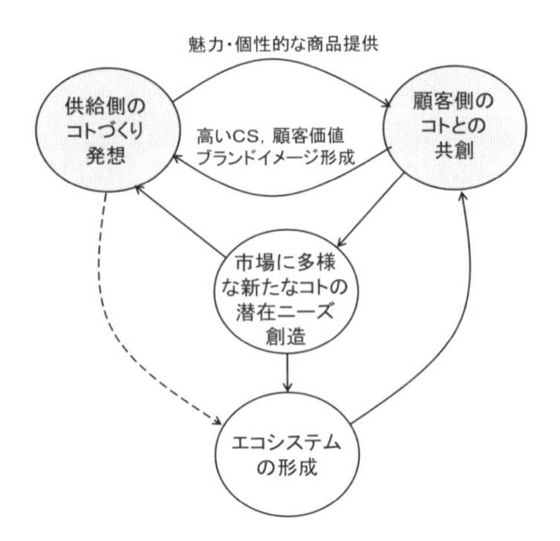

図 6.9　魅力・個性的な商品提供によるブランド構築とエコシステム生成サイクル

を確立しているブランド・企業群である．

いわゆる高級ブランドは別として，前者の代表例がアップルである．同じスマートフォンでもiPhoneとアンドロイド系では，実用的価値，機能や性能には差がないにもかかわらず，前節で紹介したCSを測定すると，アンドロイド系のブランドでは6.5程度であるのに，iPhoneではほとんど8に近い．正にCS，顧客価値の魅力・個性的なブランドプレミアムである．後者の例として，たとえば無印良品がある．“考え抜かれたシンプルさ，無駄がなく，心にちょうどいい”という明確なメッセージが貫かれている．

このようなブランド構築には，図6.9に示す“コトづくり”発想のもとで，魅力・個性的な商品を提供→顧客のコトの中での共創→高いCS，再購買（顧客価値創造）ともにブランドイメージを形成，というサイクルを回していくことで，魅力・個性的イメージを定着させる（小さなサイクル），というストーリーが描かれる．

またその過程で，顧客側，市場側から新たに多様なコトの潜在的ニーズが創造される．それを新たな顧客価値創造の種として見逃さないことが重要であろう．そのことでエコシステムが形成されれば，さらに顧客から市場との共創という大きなサイクルが形成され，さらにブランドが強化されよう．

エコシステム（ecosystem）とは，本来，生態系を意味する用語であるが，複数の異なる企業が商品開発や事業活動等で，互いに補完するような商品や技術を生かしながら，消費者や社会を巻き込み，共存共栄していく仕組みを意味する．アップルの場合には，iTunes，Apple Store，iMagagine，iBooks 等と組み合わされてエコシステムが形成され，それを継承，再構築しながら顧客のコトをさらに豊かにしていった．

6.4　情緒的価値創造（コトづくり）の具体的方策

それでは，図 6.9 において小さなサイクル，最初に情緒的価値あふれる魅力・個性的商品を創造するには，具体的にどのようにすればよいだろうか．ワクワクするような顧客の UX（user experience：ユーザーエキスペリアンス）すなわち経験価値の創造であり，その想いは最近，よくいわれる“コトづくり”という言葉に込められている．

その第一歩は，供給サイドからの高品質指向から，消費者目線の企画・開発への転換である．その意味で経済同友会（2011）の定義がわかりやすい．それは，《“顧客が本当に求めている商品は何か，その商品を使ってやってみたいことは何か”を，そのマーケットに生活基盤を置き現地の人とともに感性を働かせて考えることで，真に求められている顧客価値を提供すること．さらに顧客以上に考え抜くことで，顧客の思いもしないようなプラスアルファの喜びや感動をつくりあげること》というものである．

これを実践に移すにはどのようにしたらよいだろうか．イノベーションを生みだし世界中の注目を集めているデザインファームに IDEO がある．そこでのアプローチは少し抽象的であるが，熱狂へのステップとして，①理解，②観察，③視覚化，④評価とブラシュアップ，⑤実現とある（トム・ケリー，2006）．品質管理に近いところでは，既に広く使われている第 1 章で紹介した QFD をベースにした経験価値としてのシーン展開やシーン評価を取り入れたものも提案されている（大藤，2010）．

いずれも商品企画の段階で，顧客のコトを真摯に観察することが強調されている．しかしながら，顧客，消費者も意識してないか，何となく感じているものでそれを顕在化することは必ずしも容易ではない．そのためには，前節で述

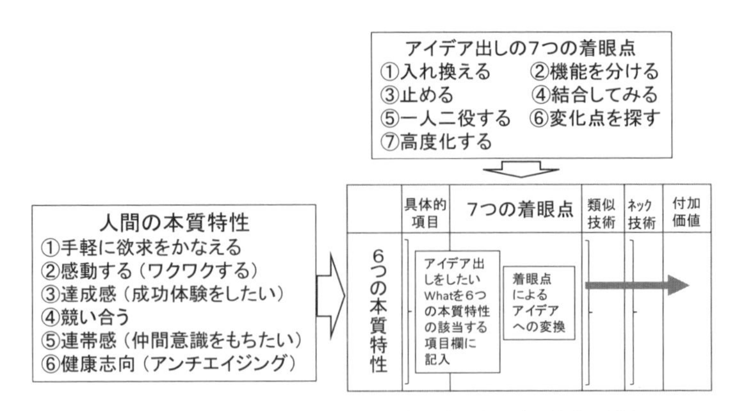

図 6.10　コンセプト発想のより所に基づく製品実現化手法（加藤（芳），2015）

べた幸福追求欲求のような何らかの“手がかり”が必要となってくる．ここでは具体的にそのような手がかりを出発点とする具体的方策を与えている例を2つ紹介しよう．

加藤芳章（2015）は，コンセプトが製品の競争優位を決めるが，コンセプトはヒントとなるより所がない限り発想できないという立場をとる．前節の幸福追求欲求に対応した人間の6つの本質特性を手がかりとし，これを実現するアイデアを7つの着眼点でコンセプト出しをしようというものである．図6.10に示す両者のマトリックスと，同書にある簡単な例を引用しながら，以下，手順の概略を示す．

1. コンセプトの打ち出し

まず最初にアイデアを考える上で，6つの人間特性のどれをターゲットにするかを考え，対応する項目欄に記入する（たとえば，本質特性①“手軽に欲求をかなえる”に対応した「テーマパークの会場移動を瞬時にしたい」を具体的項目欄に記入）．

2. アイデア出しの7つの着眼点

記入したコンセプトを達成するために7つの着眼点を用いて，達成するためのアイデアを考える（たとえば，着眼点①を用いて，バス→金斗雲）．

3. アイデアの類似技術，ネック技術を列挙

類似技術，ネック技術を検討し，コンセプトにふさわしい実現手段の決定（たとえば，類似技術としてセグウェイ，ルンバ等を検討，金斗雲→EVベースの

自動運転装置).

4. 付加機能の追加

再び，6つの本質特性と7つの着眼点のマトリックスを用いて，複数の項目と着眼点のマスに,付加機能のアイデアを記入する．たとえば,本質特性②“感動する”と着眼点⑤“一人二役”のマスに，瞬時に移動に加えてキャラクターを楽しめる→金斗雲の外観を“キャラクターにしてシーズンごとに入れ替え記念撮影ができる”，という付加機能を追加する.

さらに3から4のステップでは，ユースケース図（アクター（actor）と呼ばれるユーザーとシステムのやりとりを描き，機能的要求を把握するためのUMLでよく用いられる技法である．金斗雲の場合には,利用者,キャラクター,スタッフ，充電等の施設，会場，道路，気象条件等々）を使い，創出したコンセプトの要求機能，制約機能を明確化する．そして最終的に類似法を活用してコンセプトを実現する複数の手段・方法を検討して，創出したコンセプトにふさわしい実現手段が決定される.

もう一つの例に，コンセプトのアイデア出しの手がかりとして，加藤雄一郎(2014）がリードユーザーと呼ぶ“当該事業が目指す姿に記された内容に関して，他の誰よりも最前線で自ら創意工夫している個人あるいは集団（共創者)”に着眼するユニークな方法がある．加藤によれば，イノベーションとは“価値の創造”というよりも，“価値次元の転換”であるという.

同書にあるスキンケア製品のA社の例を引用しながら概略を説明しよう.現在の業界の争点である「肌のトラブルに対処する」ということに「もっと」,「さらに」という視点からでなく，新たな顧客のコト（顧客自身も知らない）を演出する価値次元の転換を図ろうというものである．そのためにまず事業が目指す姿の策定を共有した上で，それと合致するリードユーザーを選定することからはじまる.

この例では,「産後育児中の元（女性）アナウンサー」が選定されている.さらにリードユーザーのコトを考える期間（取引継続期間）を子供が小学校に入学する6年までとした上で，リードユーザーとA社の共創プロセスとして,まず「自己意識」の低下を早期に食い止め，次に取り戻し，6年後の復帰に向けて高めていく，というシナリオが設定される．その際，スクリプトと呼ぶ

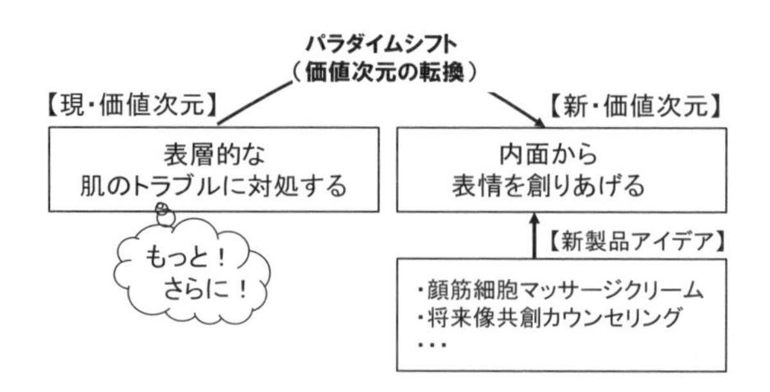

図 6.11　スキンケア製品の新価値次元の創造の例（加藤雄一郎，2014）

「ユーザーがある目的を達成するための一連の行為の系列」を描くことが行われる．

このような共創プロセスの各期ごとに，リードユーザーが要望するであろうことを可能な限りリストアップした上で，「嬉しい気持ちを自然に出したい＝心持が自然に表情に表れる」という重点要求項目が抽出される．次にこの重点項目を実現するための経営資源の棚卸しがされ，検討の結果，新規要求品質アイデアとして「肌を支える顔筋の細胞から創り込む」が導出されている．

その新規要求品質アイデアに基づき，新製品アイデアとして，顔筋マッサージクリームが選定される．同時に肌状態計測システムや将来像共創カウンセリング等の新製品・サービスアイデアが創出された．その結果，図 6.11 に示すように，「内面から表情を創りあげる」という新・価値次元の商品が生まれたというものである．

上の 2 つの例で共通することは，既存の概念にとらわれない，特に情緒的価値に着眼した価値次元の転換という発想が原点にあることである．そしてそのために，幸福追求欲求に対応した人間の本質特性やリードユーザーというコンセプトを出すより所や手がかりが使われていること，そしてそれをアイデアに変換するための 7 つの着眼点，共創プロセスあるいはスクリプトというツールを与えていることで大変参考になる．

6.5　顧客価値創造の戦略

これまで，図 6.1 のフレームワークをもとに，6.2 節では顧客価値に占める

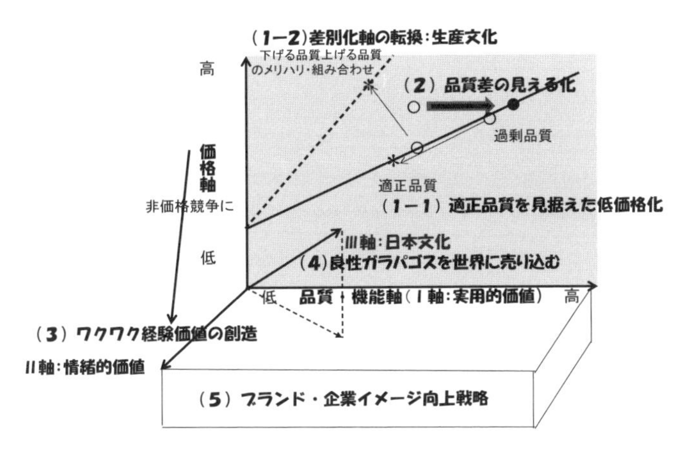

図 6.12　顧客価値創造のための５つの戦略

ブランドイメージの重要性と，その国によって大きく異なる生産文化の着眼点の必要性，6.3 節，6.4 節では顧客価値の中のブランドイメージも含む情緒的価値の重要性，そしてそれにつながる価値次元転換のための“コトづくり”のコンセプト創造の仕方について，具体的に述べてきた．

図 6.12 は，これらを含む同じ土俵，価値次元上で“もっと”，“さらに”という視点での，高品質・多機能追求の過去の成功体験から脱し，実用的価値を含めた顧客価値創造のための５つの戦略を示したものである．

図の中のグレーで示している部分は，品質・機能，すなわち実用的価値と価格からなる平面であり，顧客価値創造のために再考すべき，“適正品質と差別化軸の転換”，“品質差の見える化”の２つの戦略が掲げてある．そして，既に述べた情緒的価値軸にそった“ワクワク経験価値の創造”,“ブランド戦略”に，世界が知らなかった日本的感性に基づく“良性ガラパゴスを売り込む”を加えた５つの戦略が掲げてある．以下，それぞれの戦略について述べる．

(1) 適正品質と差別化軸の転換

(1-1) 適正品質を見据えた低価格化

実用的価値の立場から考えたとき，適正品質とは何だろうか．一つは価格とのトレードオフの観点と使用目的によって決まる．前述したコスト消費では，“価格”が主眼で品質については“用が足せればそこそこの品質”でも十分である．それでは，図 6.12 の実用的価値ー価格平面の左から右上に伸びる品質・

機能ー価格直線において過剰品質と表記してある○から，→の先の適正品質＊はどのように決められるだろうか．

それは概念的には，知覚価値（知覚品質/価格）を最大化する点であろう．使用目的を考えた上でのコスト増となるムダな機能や過剰な性能を抑えた上での顧客の感じる知覚品質とそのときのコストを見据えた上で，さらに知覚価値を高めるために，生産，流通コストを極力抑える経営努力（たとえば，ビジネスモデル刷新）による“値ごろ感”を越えた価値を引き出す低価格化であろう．

(1-2) 差別化軸の転換：生産文化

他市場，特に新興国や途上国等の価値や文化の異なる市場では，“買える価格”ということから，日本での高品質，高機能製品を低価格にするために単に機能を削り，一律に品質を下げるということでは通用しない．前述した生産文化の観点から，市場によって品質や機能に対する価値は異なる．できれば図6.12の品質・機能ー価格直線の中ほどの○から，破線に示す新たな品質・機能ー価格直線上の＊へ転換させるために，“下げる品質と上げる品質を組み合わせたメリハリ”，差別化軸の転換が迫られる．実線から破線への転換により，場合によっては高い価格で受け入れられる可能性もある．そのための方策が，グローカリゼーションと倹約工学である．

①グローカリゼーション（glocalization，global と local の合成語）：自国のメインの市場でプラットフォーム的な製品を開発し，その後でローカル市場に向けてその市場に適合するような若干の設計やデザイン等のカスタマイズを加えて，世界に流通させようというものである．あくまで自国製品・サービスの他の国・市場向けのマイナーチェンジであり，多くの場合新興国や途上国でも富裕層を対象としたものである．いいかえれば，コストを抑えるための規模拡大を追求したグローバル販売と，個々の市場でのニーズに合わせてシェアをとるための最小限の差別化軸の転換に相当するカスタマイズを組み合わせた戦略といえる．

その代表例が，P&G やユニリーバといったグローバル企業における戦略である．たとえば，シャンプーでは，パンテーンや Dove といった同一ブランドでも，デザインも形状，サイズ，そして容器の機構も，市場ごとの生活習慣や価値観によって少しずつ変えてある．機構については日本を代表に韓国やタイのみポンプ式であり，特に日本はデザインが凝っている．反対にドイツやフランスではサイズも小さくシンプルである．その他の国では米国か欧州に近いものとなっている（圓川ら，2015）．しかしながら，現状では同一市場では，競合各社とも同じようなサイズ，形状，機構といった横並びの競争になっており，これを打ち破るような差別化が求められる．

②倹約工学（frugal engineering）とリバースイノベーション：新興国や途上国向けの製品開発の新しいアプローチとして倹約工学は，限られたリソースで所要の性能を達成する製品やサービスを実現するため，複雑な構造を基本的な処理工程や構成要素に分解し，さらに分解したものについて所定の制約条件下で最も経済的に再構成して製品やサービスを創出する工学と定義される．簡単にいえば，最初に“必要のない”（非本質的）コストを避けることを追求（既存製品の特徴を削るだけでは新興市場では負ける），その上で異なるセットの製品特徴かつ新興市場の顧客の望む部分では逆に高品質を提供するものである．これを実現するためには，既存の企画・設計開発とは異なるトップの関与等新製品開発のあり方の新たなアプローチが求められる．

GE ヘルスケアの一例を紹介しておこう．ECG，心電図検査装置は高価で，価格が最低でも 3,000 ドル以上でインドの地方の病院では導入が難しかった．この市場に参入するために GE ヘルスケアは，LGT（local growth team：ローカル・グロース・チーム）と呼ぶ，幅広い権限を与えた現地に所在する機能横断型の小さなチームを設置した．LGT はゼロからの視点で顧客の困りごとを観察し，ギャップを解消するためのソリューションを求めた．その結果，先進国では考慮されない，携帯性，バッテリー活用，使いやすさ，保守の容易さ，といった特徴を発見した．一方で 800 ドルという価格目標を，汎用技術を使う，カスタマイズ部品は使わない，内製は行わないというような従来の「GE ウェイ」に反するやり方も取り入れ，ポータブル心電計 MAC400 で実現した．

このような新興国・途上国の市場ニーズを発掘した製品・サービスは，しばしばリバースイノベーション（reverse innovation）につながる．リバースイノベーションとは，最初に途上国で採用されたイノベーションが，先進国においてこれまで気が付かなかったニッチな市場やニーズと結びついたイノベーションを起こすというものである．MAC400 の場合，インドというニーズと制約条件で開発されたものであるが，この成功はすぐに先進国にも広がり，欧州での売上が約半分を占めるようになる．それは大きなシステムを買う余裕のなかった開業医のニーズに正に応えるものであったからである．むろん，これを支えたのはGE本体のマーケティング力の支援があってこそのものである．

(2) 品質差の見える化

実用的価値でもう一つ大事なことが，品質や性能についてその差を即座に認識できるような見える化をすることである．消費者が価値を感じる品質差には無差別領域が存在する．BtoBではまだしもBtoCの状況では，他社製品に比べて10%速い，小さいといわれても，その差を実感でき，価値を感じてもらわなければ意味はない．新興国の製品品質の向上によって，依然日本品質は高いといってもその差は縮小しつつある．

実用的価値の面で高品質で勝負するなら，無差別領域を超えた圧倒的な品質差，性能差を達成すべきであろう．それが実感できれば情緒的価値にもつながり，高いCSやロイヤリティにつながる．日本製のエレベーター等はこれに該当するであろう．加えて，前述したように，品質とは“違い”ともいえる．「陰」によって輝きが増す，すべてを満点でなくメリハリのあるプロファイルを考えた商品設計も重要である．

(3) 情緒的価値を引き出すワクワク経験価値の創造

そして次が，図6.12で実用的価値ー価格平面から飛び出た情緒的価値軸である．既にこれまで述べた情緒的価値に着眼したワクワク経験価値の創造である．そうすれば価格競争から抜け出すことも可能である．そのための着眼点が，前節で述べた顧客の価値次元の転換を実現するような“コトづくり”である．特にそのコンセプトには，人間特性等の“より所”に基づく将来も見据えた，ターゲットを明確にした顧客のコトの観察を越えた洞察である．

日本では破壊型イノベーションと訳されるが，その“disruptive”とは転換型とも訳される．すなわち，イノベーションとは，既存技術組換えによる“価値次元の転換”によってなされる場合も多い．たとえば，ビデオカメラのGoProは，顧客のあきらめていた“激しい運動を取りたい”という潜在ニーズをとらえ，そのために液晶モニター，手ブレ補正機能をとり，手や器具に取り付けやすい設計にして大ヒットした．また1980年代にイノベーションを引き起こしたウォークマンも，録音機能をなくし超軽量小型，ヘッドフォンに換えることで実現している．

これまでBtoCの場合について述べてきたが，BtoBの場合には，顧客の望むコトは比較的容易であり，ソリューションビジネスとして多くの成功事例がある．次節で述べるように，IoTのインフラのもとで新たなビジネスモデル創造が急拡大している．

(4) 良性ガラパゴス・日本感性を世界に売り込む

そしてもう一つの軸が，図6.12で実用的価値軸と情緒的価値軸の平面から斜め上に矢印がある日本文化軸であり，近年ガラパゴス化と揶揄されているものである．エレクトロニクス製品に限らず，ビジネスモデルまで，世界標準と比べて，過度なまでの正確さ，清潔さ，新鮮さが求められ，そのもとでの国内競争に晒されている．コラム6で述べた“今＝ここ”文化に根差すものであるが，一方で世界に冠たる“Kaizen”や，世界がこれまで知らなった新たな価値を提供する良性ガラパゴスとも呼べるものも少なくない．

実用的価値でいえば，海外進出がめざましいコンビニや宅配便等である．そして，「仕上げ」の美学に通じる実用的な技術主義，週刊誌的な享楽主義，琳派由来の美的装飾主義（日本料理の盛り付けに通じる）は，近年かわいい文化や漫画文化を生み出して世界に広がり，一方で“わび・さび”は世界が知らなかった価値であり，いずれも新たな情緒的価値を提供するものである．これらをもう一度見直し，サービス提供のためのインフラの標準化を図れば，世界に売り出せるものは少なくない．そのためには何よりも普及の場や市場を広げるプロデュース機能や，それができる人材の育成が求められる．

(5) ブランド・企業イメージ向上戦略

そして最後に，図6.12の枠外，下に示すブランド・企業イメージ向上戦略である．その理想像は，図6.9で示したような魅力・個性的商品の提供を起点とする小さなサイクル，そしてそれを膨らませる大きなサイクルを回していくことである．

企業イメージ向上は広告や宣伝，さらには売り方，店舗イメージといった他のマーケティングの4P，product（製品）に加えてprice（価格），promotion（販売促進），place（流通チャネル・ロジスティクス）をミックスした手段も使える．ともすれば日本企業には営業部門は必ずあっても，マーケティングという機能や手段やその重要性に対して，概して稀薄か無頓着であったのではないだろうか．すなわち，マーケティング機能の強化ということも課題である．

以上，顧客価値創造のための5つの戦略について述べてきたが，これまで日本型ものづくりは，“開発・生産と顧客の鉄壁のタッグマッチで，マーケティングは蚊帳の外”といわれてきた．その意味で，図1.16で示したようなマーケティング機能と一体化したSCMを再構築する必要があろう．加えて，同時に顧客との共創アプローチを実践できるプロデューサー的人材の育成も急務であろう．

6.6　IoTと品質・品質保証

今や1.6節で述べた生産プロセスからマーケティング，さらにバリューチェーン全体において，“繋がる”，“代替する”，“創造する”のキーワーズで表現されるIoTの時代である．この流れの中で，顧客満足実現に関する図2.2の第2のタッチポイントでも，BtoBではむろんのこと，BtoCの場面でも，実店舗とEC（electronic commerce）を組み合わせ，ほしい商品やサービスをネットとリアルのあらゆる販売チャネルがシームレスに統合されるオムニチャネル（omni channel）化が既に進行している（たとえば，秋葉ら，2016）．

このような状況の中で，新たな顧客価値創造や，その方法，さらに品質保証・管理がどのように変化し，課題があるのかについて，最後に展望しておこう．

①ビッグデータの活用：顧客との共創に基づく商品開発で，1.6節で述べたデータ→情報→知識→価値創造の連鎖構造を理解しておく必要がある．情報，知識につながる意味あるデータのためには，プロセス（ビジネス・オペレーション・顧客）やアクティビティが定義されていることが求められる．そこではじめて統計的手法やデータサイエンスに基づくビッグデータを活用でき，情報や知識となる．最近ではマーケティングの分野で，ビッグデータからペルソナ（persona）と呼ばれる“ターゲットとなる顧客像を性格付ける”技術が進歩しつつあるが，最後は顧客価値創造には人間の共創力が求められる．

②共創的機能・性能発展方式：IoTを介した製品の使用状況や条件をモニター，トラブルを未然に防ぎ，そこからの解析を通した最適化を図るソフトをダウンロードするアプローチである．製品の劣化を防ぎ使用中の品質保証をするだけでなく，製品性能そのものをアップグレードするものである．BtoBではGEやコマツの取り組み，消費財でもPCやEVでの実践がはじまっている．いずれの場合も顧客とのデータ共有の合意や契約，そしてそのことを考慮した商品設計となっていることが前提となる．

③ストック型サービス製造業：製品販売からいわゆるレンタルビジネスへの移行である．製品を売るビジネスモデルから，“ストック”として捉え，消費者と“繋ぎ”，経験する効用や“コト”のサービスで稼ぐ（課金する）形態への移行である．提供する“コト”を演出することによって実用的価値だけでなく，情緒的価値の提供も可能になる．製品の所有からレンタル，さらにニーズに応じてシェアリングへと選択肢が広がり，IoT環境のもとシェアリングエコノミーのメリットを享受することも可能となる．

④オムニチャネル化とIoTを活用したロジスティクス：商品の購買から入手までの顧客ニーズに応じた利便性，時間・タイミングを選べるメニューが用意されるようになっている．現在でもネット上で注文から最短で20分で届くという高速サービスが提供されている．これができるのは，IoTを駆使した“売れ筋”を予測しその商品を積んだ車を配送エリアに巡回させているからである．しかし速いだけではなく，コモディティ化した商品では，“欲しいもの”が，“欲しいと思ったタイミングで”，“欲しい場所で”手に入れられる様々なサービスを提供する差別化で，顧客価値創造を可能にする．そのためには，オムニチャネルとモノを運ぶロジスティクスのIoTを活用した戦略との連携が鍵となる．

⑤ものづくりの品質保証のあり方の革新：スマート工場では，ワーク，設備の状況における内なる変動や良品条件をモニターし，その傾向管理や予知保全によって，故障や不良の未然防止を図る品質保証に進化していくであろう．そのためには人間の役割である，“何を”モニターすべきか，あるいは“良品条件”設定のために，日本のものづくりの強みである3Tに基づく改善技術を維持，進化させることが求められる．

以上，IoT の進行に伴う顧客価値創造や品質保証の姿を簡単に展望した．IoT やその上でのデータサイエンスや人工知能の活用は，オペレーションズ・マネジメント上，ルーティン化できる変動への対応の PDCA サイクルのスピード化あるいはそのような業務を代替するものである．これに伴い“ルーティン化できない何を”という“顧客価値の変動”における顧客の“コト”を共創できる発想ができる能力こそ，人間の役割としてさらに重要性を増してくるであろう．

参 考 文 献

第１章　オペレーションズ・マネジメントはあらゆる変動との戦い

R. B. Chase, et al. (2008)：Production and Operation Management: Manufacturing and Service, Eighth edition, Irwin McGraw-Hill.
圓川隆夫（2009a）：『オペレーションズ・マネジメントの基礎』，朝倉書店.
トマ・ピケティ（2014）：『21 世紀の資本』，みすず書房.
サミュエル・ハンチントン（1996）：『文明の衝突』，集英社.
入倉則夫（2013）：『入門　生産工学』，日科技連出版社.
クリスチャン・ベリゲン（1997）：『ボルボの経験　リーン生産方式のオルタナティブ』，中央経済社.
ジェームズ・フォーブズ（2006）：『偽り系譜』，東洋経済新報社.
P. F. ドラッカー（2008）：『マネジメント　課題・責任・実践』，上，下，ダイヤモンド社.
圓川隆夫（2009 b）：『我が国文化と品質　精緻さにこだわる不確実性回避文化の功罪』，日本規格協会.
J. P. ウォマックほか（1990）：『リーン生産方式が，世界の自動車産業をこう変える』，経済界.
藤本隆宏（2007）：『ものづくり経営学：製造業を超える生産思想』，光文社.
W. P. Hopp (2008)：Supply Chain Science, McGraw-Hill.
C. M. クリステンセン（2012）：『イノベーションのジレンマ　増補改訂版』，翔泳社.
上田完次（2010）：研究開発とイノベーションのシステム論，精密工学会誌，Vol. 76, No. 7.
G. ホフステード（1995）：『多文化世界』，有斐閣.
司馬遼太郎（2006）：『アジアの中の日本』，文春文庫.
加藤周一（2007）：『日本文化における時間と空間』，岩波書店.
圓川隆夫，フランク・ビョーン（2015）：『顧客満足 CS の科学と顧客価値創造の戦略』，日科技連出版社.
W. E. デミング（1996）：『デミング博士の新経営システム理論』，NTT 出版.
内田　樹（2009）：『日本辺境論』，新潮新書.
加藤周一，木下順二，丸山真男，武田清子（2004）：『日本文化のかくれた形』，岩波現代文庫.
林　周二（1984）：『経営と文化』，中公新書.
山本七平（1983）：『空気の研究』，文春文庫.
司馬遼太郎（1997）：『この国のかたち　四』，文春文庫.

第２章　組織的改善３T：TQM, TPM, TPS

飯塚悦功（2009）：『現代品質管理総論』，朝倉書店.

D. レポール, O. コーエン (2005):『二大博士から経営を学ぶ デミングの知恵, ゴールドラットの理論』, 生産性出版.
C. Denove and J. D. Power IV (2006):Satisfaction:How Every Great Company Listens to the Voice of the Customer, J. D. Power & Associates.
宮川雅巳 (2000):『品質を獲得する技術』, 日科技連出版社.
永田 靖, 棟近雅彦 (2011):『工程能力指数—その実践方法とその理論』, 日本規格協会.
中嶋清一 (1992):『生産革新のための新 TPM 入門』, JIPM.
大野耐一 (1978):『トヨタ生産方式』, ダイヤモンド社.
圓川隆夫 (2009):『オペレーションズ・マネジメントの基礎』, 朝倉書店.
佐々木眞一 (2014):『自工程完結』, 日本規格協会.

第3章 TOC (制約理論):変動を認めた最適化アプローチ

D. レポール, O. コーエン (2005):『二大博士から経営を学ぶ デミングの知恵, ゴールドラットの理論』, 生産性出版.
E. ゴールドラット (2001):『ザ・ゴール 企業の究極の目的とは何か』, ダイヤモンド社. 原著 (1992):The Goal, North River Press.
E. ゴールドラット (2002):『ザ・ゴール 2 思考プロセス』, ダイヤモンド社. 原著 (1994):It's Not Luck, North River Press.
E. ゴールドラット (2003):『クリティカルチェーン なぜ, プロジェクトは予定どおりに進まないのか?』, ダイヤモンド社. 原著 (1997):Critical Chain, North River Press.
E. ゴールドラット (2002):『チェンジ・ザ・ルール! なぜ, 出せるはずの利益が出ないのか』, ダイヤモンド社. 原著 (2000):Necessary But Not Sufficient, North River Press.
E. Goldratt (1990):The Haystack Syndrome, North River Press.

第4章 Factory Physics:変動の科学

W. P. Hopp and M. L Spearman (2008):Factory Physics, Third edition, Waveland Press.
J. F. C. Kingman (1962):Some inequalities for the GI/G/1 queue, *Biometrika*, Vol. 49, 315-324.
江口竜太郎 (2015):Push・Pull 生産ラインにおける変動伝播メカニズムの近似解の改良とその応用, 平成 27 年度東京工業大学修士論文.
J. A. Buzacott and J. G. Shanthikumar (1993):Stochastic Models of Manufacturing Systems, Prentice Hall.
水野博之, 江口竜太郎, 圓川隆夫 (2015):CONWIP の新近似解法とそれに基づく適正 WIP 決定法, 日本機械学会論文集, Vol. 81, No. 829.

第5章 戦略的 SCM

圓川隆夫編著 (2015):『戦略的 SCM』, 日科技連出版社.
D. Simchi-Levi, et al. (2000):Designing and Managing the Supply Chain, McGraw-Hill. 久保幹雄監修 (2002):『サプライ・チェインの設計と管理』, 朝倉書店.
圓川隆夫 (2009):『オペレーションズ・マネジメントの基礎』, 朝倉書店.

W. P. Hopp (2008) : Supply Chain Science, McGraw-Hill.
貝原雅美（2015）: SCM と S&OP，圓川隆夫編著『戦略的 SCM』，第 7 章.
橋本雅隆（2015）：グローバルサプライチェーンネットワークとマネジメント，圓川隆夫編著『戦略的 SCM』，第 22 章.
鈴木定省(2015):チェンジマネジメントの入り口:LSC, 圓川隆夫編著『戦略的 SCM』, 第 28 章.
圓川隆夫（1995）:『トータル・ロジスティクス―生販物統合化のキーポイント―』, 工業調査会.

第６章　CS（顧客満足）と顧客価値の創造

圓川隆夫，フランク・ビョーン（2015）：『顧客満足 CS の科学と顧客価値創造の戦略』，日科技連出版社.
S. L. Vargo and R. F. Lusch (2004) : Evolving to a New Dominant Logic for Marketing, *Journal of Marketing*, Vol. 68, No. 1, 1-17.
C. Fornell, M. D. Johnson and E. Anderson (1996) : American Customer Satisfaction Index: nature, purpose, and findings. *Journal of Marketing*, Vol. 60, No. 4, 7-18.
小川孔輔（1994）：『ブランド戦略の実際』，日経文庫.
日経 BP コンサルティング（2012）：『ブランド・ジャパン 2012，データブック，解説書』.
山田昌弘，電通チームハピネス（2009）：『幸福の方程式』，ディスカヴァー携書.
E. T. Higgins (1998) : Promotion and Prevention : Regulatory Focus as a Motivational Principle, in M. P. Zana (ed.), Advances in Experimental Social Psychology, Vol. 30, Academic Press, 1-46.
経済同友会（2011）：世界でビジネスに勝つ「もの・ことづくり」を目指して～マーケットから見た『もの・ことづくり』の実践，2011 年 6 月，No. 2011. 1.
トム・ケリー（2006）：『イノベーションの達人！』，早川書房.
大藤　正（2010）：『QFD：企画段階から質保証を実現する具体的方法』，日本規格協会.
加藤芳章（2015）：『手戻りのない先行開発』，日刊工業新聞社.
加藤雄一郎（2014）：『理想追求型 QC ストーリー』，日科技連出版社.
秋葉淳一，渡辺重光（2016）：『IoT 時代のロジスティクス戦略』，幻冬舎.

索　　引

欧　文

あ 行

か 行

さ　行

た 行

な 行

は 行

ま　行

や　行

著者略歴

えん かわ たか お
圓 川 隆 夫

1949 年　山口県に生まれる
1975 年　東京工業大学大学院修士課程経営工学専攻修了
1980 年　東京工業大学工学部経営工学科助教授
1988 年　東京工業大学工学部経営工学科教授
1996 年　東京工業大学大学院社会理工学研究科教授
現　在　東京工業大学名誉教授
　　　　職業能力開発総合大学校校長
　　　　工学博士

主　著
『多変量のデータ解析』（朝倉書店，1988）
『トータル・ロジスティクス』（工業調査会，1995）
『我が国文化と品質』（日本規格協会，2009）
『オペレーションズ・マネジメントの基礎』（朝倉書店，2009）
『戦略的 SCM』（編著，日科技連出版社，2015）
『顧客満足 CS の科学と顧客価値創造の戦略』（共著，日科技連出版社，2015）

シリーズ〈現代の品質管理〉5
現代オペレーションズ・マネジメント
—IoT 時代の品質・生産性向上と顧客価値創造—　定価はカバーに表示

2017 年 3 月 25 日　初版第 1 刷

著　者　圓　川　隆　夫
発行者　朝　倉　誠　造
発行所　株式会社 朝　倉　書　店
東京都新宿区新小川町 6-29
郵 便 番 号　162-8707
電　話　03（3260）0141
FAX　03（3260）0180
http://www.asakura.co.jp

〈検印省略〉

印刷・製本 東国文化

ISBN 978-4-254-27570-4　C 3350　Printed in Korea